引江济巢凤凰颈泵站项目

引江济巢凤凰颈泵站项目全景

引江济巢凤凰颈泵站项目主泵房效果图

华阳河蓄滞洪区项目华阳河泵站效果图

华阳河蓄滞洪区项目杨湾节制闸效果图

华阳河蓄滞洪区项目杨湾节制闸

望江县漳湖圩漳湖站工程全景

望江县漳湖圩漳湖站工程

望江县漳湖圩漳湖站工程主泵房

霍邱行蓄洪区项目深水区溢流堰

霍邱行蓄洪区项目王截流保庄圩

霍邱行蓄洪区项目沿岗河堤顶道路

引江济淮工程江水北送段龙德站

驷马山滁河四级站干渠工程

驷马山灌区全椒片苏姚一、二级站
及渠道工程配套项目

驷马山灌区全椒片苏姚一、二级站
及渠道工程配套项目主泵房

引江济淮工程（安徽段）江淮沟通段施工项目

芜湖市竹港泵站工程

霍邱县邵岗电灌站工程

引江济淮二期工程合肥市大官塘管线工程

芜湖市镜湖区三连圩方塘排涝站工程

龙河口引水工程

巢湖市长江供水工程

来安县半塔镇高标准农田建设项目

黄陂湖流域水环境综合治理工程

驷马山灌区肥东片项目

白山后街生态清洁小流域建设工程

肥东县沙河生态修复工程

合肥裴河流域及裴岗联圩水环境治理项目

金同联圩水环境综合治理工程

霍山生态新城路网工程 PPP 项目

霍山县生态新城路网工程 PPP 项目
双湾大桥

G345 凤阳段一级公路改建工程
濠河大桥

G345 凤阳段一级公路改建工程
PPP 项目

东明石化产业园发展环境综合提升 PPP 项目净水厂

东明石化产业园发展环境综合提升 PPP 项目湘江路与二干渠

九江市琵琶湖黑臭水体治理项目

亳州市南部新区水系贯通河道综合治理项目

亳州市希夷大道和芍花路“白加黑”更新改造工程

亳州市三清大道 PPP 项目

皖美匠心

中国电建市政集团安徽工程建设有限公司　组织编写

黄匡曦　主编

中国水利水电出版社
www.waterpub.com.cn
·北京·

内　容　提　要

本书以安徽省辉煌的水利、市政等工程建设历程为背景，深度挖掘并全面展现了工程施工技术的最新进展、精细化的管理策略以及跨领域的综合应用。本书不仅涵盖了长距离输水管施工技术、复杂地质条件下的施工技术挑战、大型泵站闸站的智能化建设等前沿议题，还深入剖析了项目策划、成本控制、团队建设与沟通协调等管理层面的关键要素。

本书不仅是一部技术与管理并重的专业著作，更是一本激发读者热爱水利、市政工程事业并为之心生敬畏之情的佳作，可为水利、市政行业从业者、研究者及广大读者提供宝贵的参考与启示。

图书在版编目（CIP）数据

皖美匠心 / 黄匡曦主编. -- 北京 : 中国水利水电出版社, 2024. 12. -- ISBN 978-7-5226-3103-5

Ⅰ. TV

中国国家版本馆CIP数据核字第2025AJ9439号

书　　名	**皖美匠心** WAN MEI JIANGXIN
作　　者	黄匡曦　主编
出版发行	中国水利水电出版社 （北京市海淀区玉渊潭南路1号D座　100038） 网址：www. waterpub. com. cn E-mail：sales@mwr. gov. cn 电话：（010）68545888（营销中心）
经　　售	北京科水图书销售有限公司 电话：（010）68545874、63202643 全国各地新华书店和相关出版物销售网点
排　　版	中国水利水电出版社微机排版中心
印　　刷	北京中献拓方科技发展有限公司
规　　格	184mm×260mm　16开本　11.25印张　283千字　6插页
版　　次	2024年12月第1版　2024年12月第1次印刷
印　　数	001—300册
定　　价	**68.00**元

编　委　会

前　言

FOREWORD

禹乃遂与益、后稷奉帝命，命诸侯百姓兴人徒以傅土，行山表木，定高山大川。禹伤先人父鲧功之不成受诛，乃劳身焦思，居外十三年，过家门不敢入。……卑宫室，致费於沟淢。陆行乘车，水行乘船，泥行乘橇，山行乘檋。左准绳，右规矩，载四时，以开九州，通九道，陂九泽，度九山。

——司马迁《史记·十二本纪·夏本纪》

自古以来，“工匠精神”在我国有着悠久的历史和广泛的传承。从大禹“居外十三年，过家门不敢入”到《诗经》吟诵的“如切如磋，如琢如磨”；从愚公“叩石垦壤，挖山不止”到卖油翁“我亦无他，惟手熟尔”；从钱学森“外国人能搞的，难道中国人不能搞”再到党的二十届三中全会提出“着力培养造就卓越工程师、大国工匠”——大国工匠是中华民族大厦的基石、栋梁，勤劳勇敢的历代匠人们用劳动创造着中华民族的灿烂历史。

匠人者，有匠心。当下，要推动高质量发展、形成新质生产力，全面建设社会主义现代化国家，一支怀揣“匠心”的高素质劳动者大军不可或缺。近年来，中国电建市政集团安徽工程建设有限公司努力培养一支“执着专注、精益求精、一丝不苟、追求卓越”的匠心铁军，以匠心守初心、以匠心致创新，这富含创新态度的“皖美匠心”闪耀江淮大地，跳动在大江大河之上。

以匠心守初心，在“位卑未敢忘忧国”的信念中赓续政治本色。从当年筚路蓝缕艰辛创业，到如今高质量发展攻坚创新，公司广大职工听党话、跟党走，以匠心守初心的品质始终未改变。公司上下深入学习贯彻习近平总书记关于治水的重要论述，先后承揽华阳河蓄滞洪区建设工程（安庆市）主体工程施工Ⅰ标（望江标），长三角一体化示范区供水保障工程EPC工程总承包项目以及引江济淮凤凰颈、大官塘、取水口门等重点水利项目，为治水安澜、润泽安徽作出贡献。公司上下全面贯彻习近平生态文明思想，先后承建巢湖生态清淤、黄陂湖水环境治理等工程，真正实现了水质改善、生态修复的多元目标。

以匠心致创新，在“欲与天公试比高”的气魄中展现时代风采。坚持机制创新与科技创新双轮驱动，公司广大职工明确战略性新兴业务、塑造公司新质生产力，以匠心致创新收获了丰硕成果。近年来，公司累计荣获优质工程奖20余项，其中获得安徽省建设工程“黄山杯”奖4项、安徽省水利工程“禹王杯”奖2项、安徽省风景园林“徽园杯”奖1项、安徽市政工程优质奖1项、中国电建优质工程奖3项及地市级奖10余项；省部级工法42项（其中安徽省属地工法6项）、授权专利38项、电建股份科技奖1项、市政集团科技奖5项；省部级工法大赛、微创新技术大赛、专利大赛获奖共计9项；职工经济技术创新先进集体成果13个；优秀QC成果奖103项，其中安徽省属地优秀QC成果奖38项，同时荣获“安徽省市政工程建设QC小组活动优秀企业”称号。公司在施工技术、工程管控、内部管理等方面形成许多开创性的技术成果和管理成果。

尤其是当下，公司依托“皖美匠心”在江淮大地上勤勉耕耘。华阳河项目是中国电建市政建设集团有限公司单体合同额最高的水利工程，望江漳湖站是中国电建市政建设集团有限公司已建成的最大流量泵站，引江济淮凤凰颈项目是中国电建市政建设集团有限公司在建流量最大的泵站工程，池州九华河项目控制闸闸门的挡水面积、启闭机启闭力均为国内施工工艺最高、难度最大。公司出版专著《治水兴皖　润泽江淮——水闸泵站工程撷英》并先后承办安徽省第一届、第二届水利建设质量安全监督培训暨技能大赛，这是安徽省水利行业最高规格的竞赛。当前，公司已经成长为安徽区域内深受水利领域乃至建筑行业主管单位信赖，且实力雄厚、极具信誉的施工劲旅。

本书汇编了近期公司员工“匠心独运”的30篇学术论文，内容覆盖工程技术创新及企业管理实践等多个维度，不仅剖析了复杂地基处理、大型泵闸站施工等工程技术难题的解决策略，还立体展现了先进机械技术在提升施工效率与质量方面的管理经验。同时，本书相关文章对环境保护与生态修复、防洪度汛等关乎社会可持续发展的问题提出创新性的解决方案与思路。在企业管理方面，本书通过企业管理与实践、人力资源管理等内容，介绍了企业在提升组织效能、优化资源配置方面的宝贵经验。此外，工会工作及青年职工思想教育部分的探讨，彰显了公司对员工成长与企业文化建设的深切关怀。本书的作者都是奋战在项目一线的工程管理者，正如本序开头司马迁描述的那样，他们怀揣“皖美匠心”，追随大禹“左准绳，右规矩”、改“堵”为“疏”的智慧，用技术和管理创新推动企业高质量发展。

《皖美匠心》的付梓，是在探索中完成的，由于时间仓促、水平有限，不足与疏漏之处在所难免，恳请广大读者批评指正。

2024年8月于合肥

目 录

CONTENTS

前言

上篇 技术研究篇

DYQ3000 型带式压滤机固化产量分析 …………………… 关 宇 倪 波 程浩林 3
长江流域蓄滞洪区堤防软基综合立体排水固结工艺研究
…………………………………………………………… 张振民 程浩林 王 鹏 10
多阶段整体降低河道水位拆除围堰的施工技术研究……… 李 广 陈 龙 于晓威 14
多台起重臂交叉塔式起重机防碰撞布置与运行方法……… 朱艳辉 聂金龙 刘义光 21
河湖底泥脱水固化含水率影响因素分析…………………… 郭永波 黄小恒 樊笑展 29
较厚淤质层地基附着多种邻桩套打施工工艺研究………… 张振民 倪 波 程浩林 34
聚羧酸系高性能减水剂在引江济淮水利工程中的应用研究………… 石建虎 聂金龙 39
浅谈超厚防辐射重晶石混凝土在工程中的应用研究……… 刘兴峰 李 广 朱艳辉 43
生态清淤及资源再利用的技术创新与探析………………… 黄科宇 李 敬 黄小恒 48

中篇 技术应用篇

大型水利泵站项目水泵安装质量控制技术研究应用……… 刘义光 安永帅 李 敬 55
多种改良装置在巢湖生态清淤试点工程中的应用………… 李 敬 郭永波 陈 潜 60
浅谈道路浅层软弱地基固化施工工艺研究应用…………… 吴鹏飞 李 广 李文波 66
浅谈立式轴流泵站流道钢筋保护层在施工过程中的控制
…………………………………………………………… 朱瑾博 王广府 姜富伟 71
浅谈软土地区管道顶进施工技术………………………… 王宜龙政 孟 岩 石建虎 74
浅谈水泥土搅拌桩防渗墙在堤防加固中的应用…………… 唐文迪 姜富伟 张 震 81
浅谈装配式预应力混凝土箱梁体系转换的工艺应用……… 刘兴峰 李文波 吴鹏飞 85
浅析市政道路检查井施工技术要点………………………… 刘祖志 王广府 叩梦遥 91
浅析新型生态挡墙施工技术及质量管控措施……………… 黄小恒 赵本建 马俊杰 96
水利泵站工程施工技术浅析……………………………… 安永帅 任天旺 刘义光 102
引水工程中钢管沉管及取水头水下施工技术的研究应用
…………………………………………………………… 朱艳辉 路 涛 聂金龙 107

预制块护坡在行蓄洪区水利项目中的应用…………………… 苏清泉 张 震 江 龙 114
智能化双向搅拌粉喷桩施工技术在临江泵站中的应用…… 刘枝良 关 宇 聂金龙 120

下篇 管理总结篇

BIM 二次开发在施工企业多项目管理中的应用研究 …… 马俊杰 庞世洋 黄小恒 131
EPC 公路工程成本的影响因素及对策 …………………… 安永帅 任天旺 石建虎 134
构建“一核双线三维”立体监督体系一体推进水利施工企业“三不”创新研究
………………………………………………………… 王韵森 黄匡曦 李汝晓 141
基于“严重违反用人单位的规章制度的”条款的实证分析与合规意见
………………………………………………………… 朱 亮 汪 丹 张子建 150
浅谈施工企业基层工会如何创新青年职工思想教育工作
——“后浪”奔涌，激发青年职工活力…………………… 李雪珂 王龙龙 孙鸿凯 154
浅析建筑行业人力资源发展规划——以 A 公司为例 …… 朱 亮 汪 丹 张子建 158
水利施工企业服务职工的创新实践研究…………………… 王韵森 王龙龙 孙鸿凯 162
水利水电工程信息化与数字化应用探索…………………… 庞世洋 马俊杰 杜方青 166

上篇

技术研究篇

DYQ3000 型带式压滤机固化产量分析

关 宇 倪 波 程浩林

【摘 要】 本文介绍了巢湖生态清淤试点工程中的陆上排泥场污泥固化工艺流程，带式压滤机的工作原理及生产泥饼的全过程，研究和掌握制约带式压滤机处理能力的原因，找到解决问题的办法以便提高产能，对带式压滤机的产能提高、运行参数选定、污泥调理等具有重要意义。

【关键词】 带式压滤机 产能计算 卡门过滤基本方程 液相平衡 产能

1 引言

针对巢湖生态清淤试点工程中底泥产生量大、力学性质差和含水率高等处理难点，采用技术比较先进的DYQ3000型带式压滤机：物料通过管道进入静态混合器，跟絮凝剂混合后，再通过动态混合器进入压滤机的浓缩段进行重力脱水，在浓缩段脱去大部分游离水，物料得到初步浓缩，重力脱水后经过布料斗均匀地排布在两条封闭的滤带之间，通过可以调整的楔形区进行预压脱水，再经一系列直经由大到小的脱水辊，使滤饼受到由小到大的挤压、剪切作用，从而脱去物料中大部分游离水和部分毛细水分，脱水后的物料最后由机尾出料口排出。淤泥中的有机悬浮污染物也被快速分离出来，脱水后干泥含水率降到55%以下，处理后的尾水满足排放要求。

DYQ型带式压滤机除了具有一般带式压滤机连续生产、处理能力大、电耗少、噪声小、操作维修方便等特点外，这有如下特性：

（1）适用性广。DYQ系列产品根据辊子的挤压和组合形式不同，有DYQ-WP1、DYQ-NP1、DYQ-P3、DYQ-WP1F等多种机型，针对不同性质的物料选用不同的机型，能够达到理想的脱水效果。

（2）网带的张紧和调偏采用气缸调节，调整时灵敏可靠。

（3）DYQ3000型带式压滤机有独特的更换网带装置，网带环形无接头，可延长网带使用寿命。

然而在实际生产过程中，制约DYQ3000型带式压滤机固化产量的因素也有很多，如何找到制约产能的关键因素，发挥其优势，提高产量，满足工期要求至关重要。

2 工程概况

2.1 项目概况

巢湖生态清淤试点工程清淤范围位于南淝河口外的近岸湖区，分布于南淝河航道左侧，总清淤区面积为5.52km^2，试点区清淤深度为20～50cm，平均清淤深度约为0.29m，清淤工程量为158.8万m^3。采用环保绞吸式挖泥船进行底泥疏浚，疏浚的底泥通过管道输送至排泥区内进行固化处理。配置1艘200m^3/h环保绞吸式挖泥船，2艘350m^3/h环保绞吸式挖泥船。

布置1个陆上排泥场和1个水上排泥场。陆上排泥场占地面积约为173.24亩（1亩约为666.7m^2）。陆上排泥场内布置泥浆沉淀池、带式压滤处理厂、余水沉淀池、干泥堆场及临时生活办公营地、施工临时道路等。疏浚的底泥由绞吸式挖泥船经排泥管线输送至泥浆沉淀池后，采用带式压滤机脱水固结，干泥临时堆放于堆场，经皮带机输送至南淝河口临时码头，转船舶经巢湖航道运送至巢湖市散兵镇中国建材码头，后转自卸汽车运至郭家山废弃矿坑坑塘堆置，用于后期矿坑生态修复用土。

2.2 水文地质

巢湖多年平均水位为8.52m，最低水位为6.47m，最高水位为12.80m。按照已批复的巢湖流域防洪规划，巢湖10年一遇洪水位为11.60m，20年一遇洪水位为12.50m，50年一遇洪水位为12.75m，100年一遇洪水位为13.36m。

湖区生态清淤场地内浅部地层以软塑～流塑状黏性土为主，具微透水性，工程地质条件较差；陆域排泥场场地中上部主要为可塑状黏性土和稍密状粉土，工程地质条件较好。

2.3 河道水质底泥污染情况

由于城市人口迅猛增加、经济快速增长、产业结构与工业布局不合理、污染物排放超过环境容量、工业污染源难以实现稳定达标排放、城市生活污染处理率低等原因，巢湖流域内多数河段氨氮、总磷、高锰酸钾、溶解氧、化学需氧量、生化需氧量等指标均超过《地表水环境质量标准》（GB 3838—2002）Ⅴ类标准，河道底泥铜、锌、镉、镍、铬、砷六种重金属含量指标超出《土壤环境质量标准》（GB 15618—2018）三级标准，干流、支流水质均为劣Ⅴ类，水体及底泥污染严重，河涌水体黑臭。

3 带式压滤机工作原理

3.1 概述

带式压滤机是依据化学絮凝接触过滤和机械挤压原理而制成的高效固液分离设备，具有工艺流程简单、自动化程度高、运行连续、控制操作简便和工作过程可调节等一系列优点，缺点是含水率高。带式压滤机工作示意如图1所示。

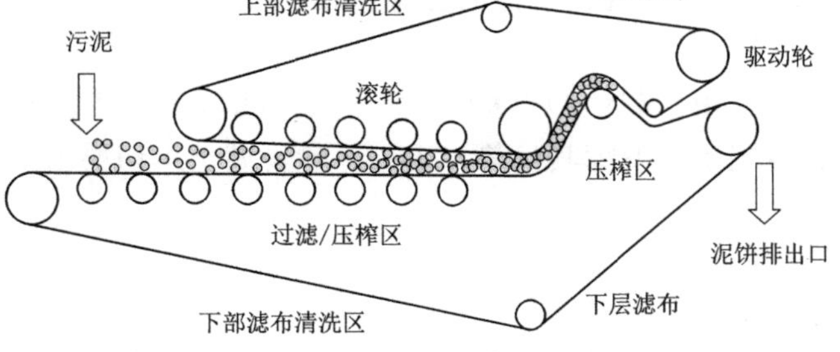

图1 带式压滤机工作示意图

经絮凝的污泥首先进入重力脱水区，大部分游离水在重力作用下通过滤带被滤除；随着滤带的运行，污泥进入由两条滤带组成的楔形区，两条滤带对污泥缓慢加压，污泥逐渐增稠，流动性降低，过渡到压榨区；在压榨区，污泥受到递增的挤压力和两条滤带上下位置交替变化所产生的剪切力的作用，大部分残存于污泥中的游离水和间隙水被滤除，污泥成为含水率较低的片状滤饼；上下滤带经卸料辊分离，凭借滤带曲率的变化并利用刮刀将滤饼刮落，实现物料的固液分离，而上下滤带经冲洗后重新使用，进行下一周期的浓缩压滤。

3.2 带式压滤机处理能力的计算

3.2.1 第一种计算方法

以带式压滤机产出的湿泥饼厚度为主要计算参数，根据算出的湿泥饼产量，再计算出进料量（即处理能力），其计算公式如下：

$$Q_{\text{湿泥饼}}=B\xi\delta v s\gamma\beta \tag{1}$$

式中：$Q_{\text{湿泥饼}}$ 为湿泥饼产出量，t/h；B 为滤带宽度，m；ξ 为滤带宽度利用系数，一般取 0.85～0.9；δ 为湿泥饼厚度，m，一般取 6～10mm（即 0.006～0.01m）；v 为压滤带实际工作速度，m/min，一般取 3～6m/min；s 为单位时间，60min/h；γ 为湿泥饼比重，t/m^3，一般取 1.03t/m^3；β 为固相回收率，一般取不小于 95%。

公式（1）可以看出，该计算方法是以带式压滤机产出的湿泥饼厚度为主要计算参数，未考虑带式压滤机的运行参数，如滤带运行速度、过滤压力固体浓度、黏度、加药调理后污泥的比阻、浓缩段的长度和容量、压滤时间和压滤周期、滤带透气量等因素，只能粗略估算，不能检验设备性能。

3.2.2 第二种计算方法

城市污水和工业废水的污泥脱水系统，在污泥脱水前都需对污泥进行加药调理。加药调理的目的是改善污泥的脱水性能，降低污泥中水的亲和力，降低污泥的过滤比阻抗值（即滤饼的阻力）和毛细管吸水时间。

根据液体通过滤渣层流动的基本原理推导出的卡门（Carman）过滤基本方程来进行过滤产率（即处理能力）的计算。

此外，该种计算方法还涉及液相平衡关系和固相平衡关系。

液相平衡关系公式为

$$Q_0=Q_f+Q_k \tag{2}$$

式中：Q_0 为进污泥量（处理量），m^3；Q_f 为滤液量，m^3；Q_k 为滤饼量，m^3。

固相平衡关系公式为

$$Q_0C_0=Q_fC_f+Q_kC_k \tag{3}$$

式中：Q_0 为进污泥量（处理量），m^3；C_0 为进原污泥中固体物质浓度（沉淀池中的污泥），g/L；Q_f 为滤液量，m^3；C_f 为滤液中固体物质浓度，g/L（污泥脱水系统一般要求固体回收率不小于 95%，C_f 数值很小，实际计算时可取 0）；Q_k 为滤饼量，m^3；C_k 为滤饼中固体物质浓度（加药之后滤带上的污泥），kg/ m^3。

根据卡门过滤基本方程、液相平衡关系和根据固相平衡关系，得出带式压滤机处理量＝进污泥量×进原污泥中固体物质浓度÷滤饼中固体物质浓度，即为带式压滤机处理能力的第二种计算方法。利用该方法时，带式压滤一体机应分两部分进行计算，即浓缩段和压榨段两部分。

4 现场实际生产过程

4.1 污泥固化脱水处理工艺流程

污泥固化脱水处理工艺流程如图 2 所示。

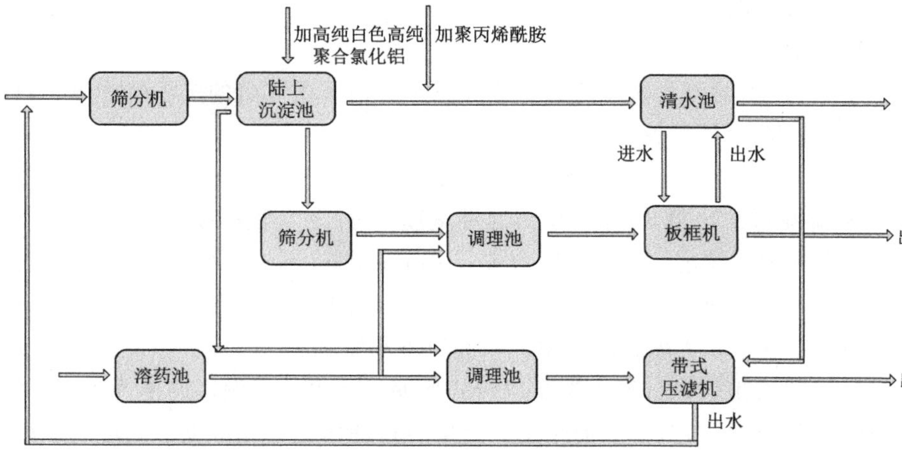

图 2 污泥固化脱水处理工艺流程

4.2 施工过程

将泥浆沉淀池内污泥通过污泥泵输送至浓缩罐，污泥泵流量为 200m^3/h，浓缩罐容积为 150m^3，共计 12 个罐，可储存约 1800m^3 污泥。

污泥进入浓缩罐后，添加一定浓度的阴离子聚丙烯酰胺（PAM）进行初次絮凝沉淀，通过重力作用实现污泥中间隙水的分离，清水从灌顶溢出，污泥絮凝到罐底，再通过罐体内压力自流到带式压滤机前面的静态混合器。

在静态混合器中添加药剂，污泥和药剂一起进入动态混合器发生絮凝，首先进入重力脱水区（浓缩），大部分游离水在重力作用下通过滤带被滤除（图 3）。

随着滤带的运行，污泥进入由两条滤带组成的楔形区，两条滤带对污泥缓慢加压，污泥逐渐增稠，流动性降低，过渡到压榨区（图 4）；在压榨区，污泥受到递增的挤压力和两条滤带上下位置交替变化所产生的剪切力的作用，大部分残存于污泥中的游离水和间隙水被滤除，污泥成为含水率较低的片状滤饼；上下滤带经卸料辊分离，凭借滤带曲率的变化并利用刮刀将滤饼刮落，实现物料的固液分离（图 5）。

检测含水率，满足要求的泥饼通过皮带运输机传送至运输船上（图 6），然后通过水运运至指定的郭家山矿山进行修复。

4.3 理论产量和实际产量的计算

厂房有 12 台带式压滤机，4 台长 18m，4 台长 15m，4 台长 12m。其转速均为 1440r/

min，皮带轮转速比为 87%，设计频率为 50Hz。

图 3　污泥浓缩脱水阶段

图 4　污泥压榨阶段

图 5　成品的泥饼

图 6　泥饼运输

4.3.1　理论计算量

（1）根据以上参数，可计算在 50Hz 满负荷时，理论上带式压滤机每分钟行走的距离为：1440÷87×150÷350=7.09(m/min)。

（2）根据第一种计算方法，暂定泥饼厚度为 10mm，则 $Q_{湿泥饼}=3\times0.9\times9\times0.01\times60\times1.03\times0.95\div1.5=9.5(m^3/h)$。

4.3.2　实际生产量

调试阶段为保证含水率，带式压滤机采用 25Hz，产量为 4.75m^3/h，未达到满负荷的要求。理论上，转速为 50Hz、厚度达到 1.6mm 时，产量为 15.2m^3/h，基本满足原始设计的 15m^3/h 的要求。

在实际生产中出现很多问题：①带式压滤机长短与产量无关，只和频率有关，滤带越长，在浓缩区的污泥含水率通过自重流失的时间越长，泥饼含水率越小；②实际操作中产能并不稳定，厚度忽薄忽厚，如何找到原因并予以解决，提高产能至关重要。

5 现场产能不稳定性分析

根据卡门过滤基本方程推导出来的第二种产能计算公式，产能主要取决于进污泥量、进原污泥中固体物质浓度、滤饼中固体物质浓度。制约现场产能的不稳定性因素主要包括以下几个方面：

5.1 班组施工水平

试运行阶段发现，班组人员的技术水平及操作设备的熟练程度，对带式压滤机产量的稳定性至关重要。现场施工组织和管理同样重要，人员定岗定责，不能一人多岗，否则会顾此失彼。

5.2 药物投量和进物量控制

投量无根据，试验人员未参与到过程中进行跟踪，缺少沉淀池含固率的检测，未根据进污情况改变投放量。从浓缩罐到带式压滤机管道过于曲折，虽然增加了反应时间，但也会堵塞管道，流量无法控制，造成到带式压滤机里面的泥量不稳定，忽多忽少，导致厚度时薄时厚。

5.3 设备使用

设备原理不清楚，操作规程不熟练，带式压滤机主传动辊和其余辊筒在运行阶段，未派人观察和调整，致使滤带跑偏。沉淀池内的吸泥泵不满足设计要求，无法将底部板结的泥沙均匀地抽至浓缩罐。

5.4 试验保证

试验人员经验缺失，检测频率低，检测仪器出结果速度慢，未给现场施工提供依据和参考。

6 应对措施

（1）设备在使用前应进行运行与调试。首先以机架为准，调整主传动辊，使其与机架呈 90°的直角；然后以主传动辊为基准，调整其他几个压滤辊，使这些压滤辊呈平行状态；再调整其余辊筒，使其与机架成 90°的直角；最后开始设备的空运转，按滤带跑偏方向调整辊筒。

（2）物料预处理。一般是加两种药：第一种是无机絮凝剂，其作用是调整物料的 pH 值或使溶解在水中的物料析出凝聚，主要有电石渣、石灰等；第二种是有机絮凝剂，其作用是将析出凝聚的物料凝成大絮团，将游离水和部分毛细水析出，使物料易于固液分离。

（3）使用经验丰富和技术熟练的工人。在带式压滤机上有两至三道平料器，一般情况下，物料能均匀地分布，特殊情况下须手动调整；如果活性污泥的脱水性能好，可加大物料的处理量，将平料器提升，使滤饼的厚度增加；如果性能差一些，可适当减少物料的处理量，将平料器降低，使滤饼的厚度减小。调整楔形预压段的角度，如果活性污泥的脱水性能好，可将其调整为 3°；如果性能差一些，可将其调整为 5°～7°。调整压滤机的带速，如物料为活性污泥，则带速设为 2～3m/min。调整带式压滤机的带速，如物料为活性污泥，则带速设为 4～5m/min。

通过以上方法和途径，有效地提高了产能，并控制含水率满足设计要求。

7 结语

影响带式压滤机处理能力的因素有很多，主要体现在重力脱水区、压榨区及其滤带运行速度、滤带张力、辊径（如大小、包角和中心距）、滤带（如透气量）选择、加药调理效果等方面。同时，处理能力是带式压滤机结构设计、生产制造等质量的综合体现。

第二种计算方法较第一种计算方法虽然复杂，但其计算方法中包含了带式压滤机结构设计参数、污泥性质参数、运行参数等对处理量的影响，对优化带式压滤机的结构设计，合理投加药剂量、运行参数的选择对提高带式压滤机的处理量具有一定的指导意义。并通过实例计算，浓缩段的处理量对带式压滤机处理能力起主要作用。

参 考 文 献

[1] 张自杰. 排水工程　下册（第四版）[M]. 北京：中国建筑工业出版，2015.

[2] 王红艳. 沂河沂水段底泥处置及生态修复示范工程主要施工方法探讨 [J]. 陕西水利，2015（z1）：118－119.

[3] 仲伟刚，王涛. 带式压滤机的结构设计对其处理能力的影响 [J]. 中国给水排水，2003，19（3）：90－92.

[4] 张自杰. 环境工程手册　水污染防治卷 [M]. 北京：高等教育出版社，1996.

长江流域蓄滞洪区堤防软基综合立体排水固结工艺研究

张振民　程浩林　王　鹏

【摘　要】 华阳河蓄滞洪区建设工程（安庆市）主体工程施工Ⅰ标（望江标）项目施工过程中，堤防工程施工战线长、工期紧，技术要求标准高，且长江流域蓄滞洪区堤防工程多为软土地基，上部多为杂填土和淤泥质黏土，含水量高，水渗透性差，下部多为粉细砂或砂砾层，透水性强，承载力低，固结速率慢，容易产生不均匀沉降和堤基稳定性问题，其中堤防工程中C类较差地质和D类差地质分布广泛，占比高达94%，排水固结施工工艺对堤防施工质量和工期提出非常大的挑战。为满足现场施工需要，同时保证堤防工程软基处理施工质量，项目采取水平排水体、塑料排水板相结合的方式进行固结排水，同时运用智能监测系统对软基处理情况进行实时跟踪监测，使项目在堤防软基综合立体排水固结过程中积累了宝贵的经验，且使施工效率得到最大限度的提高，经济效益和社会效益方面也得到最大的收获，为后续工程施工提供了很多宝贵经验。

【关键词】 软基处理　排水固结　智能监测　功效提升

1　引言

近年来，随着我国加强蓄滞洪区布局优化调整和建设，蓄滞洪区遇流域大洪水时“分得进、蓄得住、排得出、人安全”的作用愈发突出，为保障重点地区、大中城市和重要干线防洪安全，最大限度地减少灾害损失及流域防洪发挥重要作用。堤防能够约束水流，提高河道泄洪排水能力，同时限制洪水泛滥，保护两岸人民生命财产安全。在华阳河蓄滞洪区建设工程施工过程中，堤防下部多为软土地基，软基具有含水量高、压缩性强、透水性差及承载力低且固结速度慢的特点。由于其强度低且渗透性差，地基施工完成后会产生较大的工后沉降和差异沉降，容易引发堤防开裂等事故。因此，须对软土地基采用固结排水进行处理。针对华阳河蓄滞洪区杨湾安全区堤防工程软土地基，现场采用以塑料排水板作为竖向排水系统，砂垫层、反滤作为横向排水系统的综合立体排水固结技术进行处理，同时运用智能监测系统对软基处理情况进行实时跟踪监测，解决了长江流域蓄滞洪区中堤防软土地基的处理难题。通过对综合立体排水固结工艺进行总结，为今后指导类似工程提供参考。

2　工艺原理

综合立体排水固结法是针对软土地基，先在地基中设置塑料排水板等竖向排水体，然后利用堤防本身重量分级逐渐加载，使土体中的孔隙水排出，逐渐固结，地基发生沉降的同时强度逐渐提高的方法。

综合立体排水固结法是由排水系统和加压系统两个主要部分组成。它使地基土层产生附加压力而发生排水固结。设置排水系统则是为了改善地基原有的天然排水系统的边界条件，增加孔隙水排出路径，缩短排水距离，从而加速地基土的排水固结进程。设置加压系统，是为排水固结提供动力，形成超静水压力。加压系统和排水系统是相互配合、相互影响的，它们使孔隙中的水慢慢排出，地基发生固结变形。同时运用智能监测系统对软基处理情况进行实时跟踪监测，确保排水固结稳定，随着超静空隙水压力的逐渐消散，有效应力逐渐提高，地基土的强度逐渐增长。

综合立体排水固结法主要应用于加固淤泥、淤泥质黏土及冲填土等饱和黏性土软弱地基，解决软土地基的不均匀沉降和稳定问题，使地基在加载预压期间不致产生过大的沉降差，同时提高地基土的抗剪强度，从而提高地基的承载力和稳定性。

排水固结施工示意如图 1 所示。

图 1　排水固结施工示意图

3　施工工艺流程及操作要点

（1）工艺流程：清基、整平、回填、碾压—先铺设一层土工布—铺设排水砂垫层（25cm）并整平碾压—机具就位—塑料排水板穿靴—插入套管—拔出套管—割断塑料排水板—机具移位—再铺设排水砂垫层至设计厚度（45cm）并整平碾压—铺设土工布—堤身填筑（智能监控、堆载）。

（2）水平排水体施工。水平排水体施工主要包括以下 4 方面内容：

1）水平排水体采用的砂层砂粒应选用含泥量不大于 5％的中粗砂，中粗砂细度模数为 2.3～3.7，渗透系数不宜小于 5×10^{-3}cm/s，干密度不宜小于 15kN/m^3，砂垫层相对密度不小于 0.65。

2）排水砂垫层的设计厚度为 45cm，先铺 25cm，打完塑料排水板后再铺 20cm。

3）排水砂垫层的施工宜采用机械分堆摊铺法或人工摊铺法，按拟定的铺料厚度进行，挖掘机以后退法卸料、整平，用挖掘机或压路机压实。施工过程中要避免对软土表层产生过大扰动，顶层加铺土工布（土工布以对接缝拼接，共计3道缝，采用尼龙线缝合，缝距为2～3cm，连接强度不小于断裂强度，铺好土工布的周边用沙袋叠压并及时填砂，土工布的铺设与第一层填料的推进方向一致）以免造成砂土泥混合，影响排水效果。

4）砂沟采用土工布包裹，由砂垫层接至反压平台外，砂沟每间隔5m设一条，宽0.6m，高0.4m。

（3）塑料排水板施工。塑料排水板施工主要包括以下10方面内容：

1）测量定位。用全站仪、钢尺确定打设区域控制角点位置，按正方形布置打设塑料排水板，插板间距按1.2m布置，放出每个塑料排水板的打设点位置，并做好标记，插板孔位误差不大于30mm。

2）插板机就位。根据打设板位标记进行插板机定位。

3）安装管靴。将塑料排水板穿过插板机的套管，从套管下端穿出，与专用管靴连接。塑料排水板与管靴连接示意如图2所示。

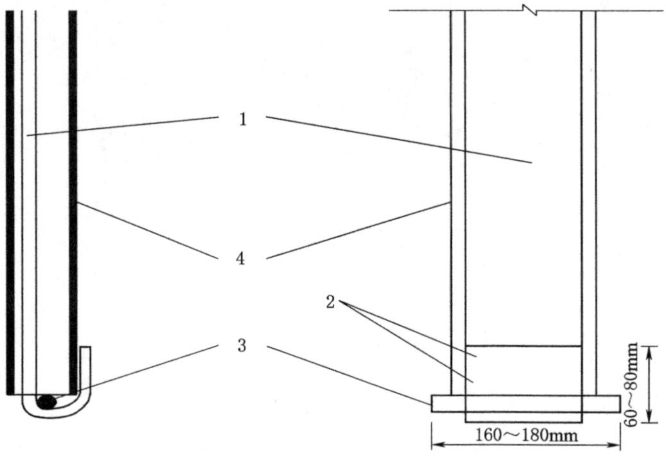

图2　塑料排水板与管靴连接示意图

1—排水板；2—排水板弯折部分；3—管靴；4—套管

4）调整竖直度。调整插板机套管的竖直度，容许偏差不大于1.5%。

5）标高控制。在打设套管或打设架上设置明显的深度标记，也可以配备打设深度自动记录仪器或选择可测深的塑料排水板产品。

6）打设、拔管。将插板机套管（连同管靴和塑料排水板）插入地层，当塑料排水板插入黏土层至少50cm后，拔出插板机套管，则塑料排水板被固定于孔底。塑料排水板与桩尖应连接牢固，以免拔管时脱开。将塑料排水板带出，带出长度不宜超过50cm。严格控制塑料排水板的打入深度，打入深度应考虑上拔时的跟带（塑料排水板被导管往上带）长度，跟带率小于5%，打入深度达不到设计要求或跟带长度在50cm以上的塑料排水板应废弃，并在废弃的塑料排水板附近及时补打。

7）剪断塑料排水板。插打塑料排水板完成后，拔出插板机套管，剪断塑料排水板，塑料排水板超过孔口的长度应能深入砂垫层不小于0.4m，预留段应及时弯折并埋设于砂垫层中。

8）检查塑料排水板板位、垂直度、打设深度、外露长度等，符合规范要求后方可移机，否则须在邻近板位处重打。

9）插入塑料排水板后，在孔洞收缩之前用中粗砂及时回填，防止泥土等杂物掉入孔内。

10）设置集水井和地面排水通道。施工过程中应根据地基处理后的排水量大小，设置集水井和地面排水通道，将排出的深层孔隙水排出施工场地。

（4）智能监测系统安装。在插板施工完成后，填土开始之前埋设深层沉降监测仪和孔隙水压力计，每150m安装一组深层沉降监测仪和孔隙水压力计，安装在淤泥之间。孔隙水压力监测，须在埋设地点采用钻机钻孔，达到要求的深度（深入黏土层50cm）后，将孔隙水压力计先后放入，相邻孔隙水压力计间应有隔断措施，防止水压连通，每个孔隙水压力计间距应不小于1000mm，采用智能监测系统进行监测。

4 结语

在软土地基上施打塑料排水板，能够提高地基的排水性能、稳定性和使用寿命，同时有助于提高施工效率和保护环境。采用水平与竖向排水相结合的固结排水智能监测系统，能够更好地监测施工情况，保证施工质量和安全性，为工程管理和决策提供有力支持。此外，不断优化和完善监测系统，结合实际情况进行调整，可为系统的稳定性和可靠性提供保障。水平排水与竖向排水相结合的固结排水智能监测系统对于保障工程质量、降低施工风险、节约成本、提供智能决策支持以及实现远程监控与管理具有重要意义，使该项目堤防填筑整体施工水平得到了很大的提升。采用水平排水与竖向排水相结合的固结排水智能监测系统，时刻把握控制质量，使堤防填筑施工质量得到最大限度的保障，可为后期同类型项目施工积累宝贵经验。

参 考 文 献

[1] 黎玉，王齐仁．塑料排水板堆载预压法软基加固监测分析［J］．福建建筑，2010（9）：80－82．

[2] 赵明华，杨明辉，刘煜，等．软土路基固结沉降机理及其预测方法研究［J］．铁道科学与工程学报，2005，2（4）：16－20．

多阶段整体降低河道水位拆除围堰的施工技术研究

李　广　陈　龙　于晓威

【摘　要】为拆除泵站上游进水口的土石围堰，对堰下进行填埋预制块施工，且不破坏已完成的预制块坡面，以恢复施工整体效果。在高水头差情况下直接进行拆围堰除作业，会造成大量泥沙进入水泵层。利用多阶段整体降低河道水位拆除围堰的施工方法，可以解决传统的挖掘机直接在高水头下挖除围堰而使大量泥沙涌入泵体，造成泵内拥堵且污染水环境的问题。以该方法拆除围堰，不仅能恢复整体河道的通畅，还能满足水库正常供水及各水库汛前调、蓄水的需要。

【关键词】高水头差　整体降低　围堰拆除

1　引言

引江济淮工程江水北送段新建龙德泵站的任务是向皖北地区和豫东南方向的周口、商丘等地区提供城镇生活及工业生产用水，同时改善皖北沿淮输水沿线地区的农业灌溉补水。为了完成龙德泵站（含节制闸）工程土建及安装工程的合同内施工内容，在泵站进水口上游填筑顶宽6m、高6m、底宽33m的土石围堰，在迎水坡面均做了防冲刷措施。后需对该围堰进行拆除，并进行堰下占压区预制块施工。

围堰上游存在加压站取水口，且水头与泵站进水口前池高差较大，上游围堰拆除时将会造成大量的泥沙进入水泵层。为不影响亳州水库正常供水与各水库汛前调、蓄水需要，通过朱集加压站于间歇时间向亳州供水，并制作各种规格的钢闸门挡水，研发一种多阶段整体降低河道水位拆除围堰的施工方法，解决了高水头下直接拆除围堰而使大量泥沙进入水泵层，造成泥沙拥堵的问题；同时，通过堰下部分预制块施工，高效恢复整体河道的通畅。

2　施工整体部署

为保证加压站能满足亳州水库正常供水与各水库汛前调、蓄水需要，通过朱集站加压站向亳州供水，以加压站两次整体降低河道水位，快速拆除围堰。第一阶段完成围堰下的护坡护底施工；第二阶段结合拦污栅制作的钢闸门挡水将河道内水位降至河底，完成剩余土围堰的拆除。整体施工部署流程如图 1 所示。

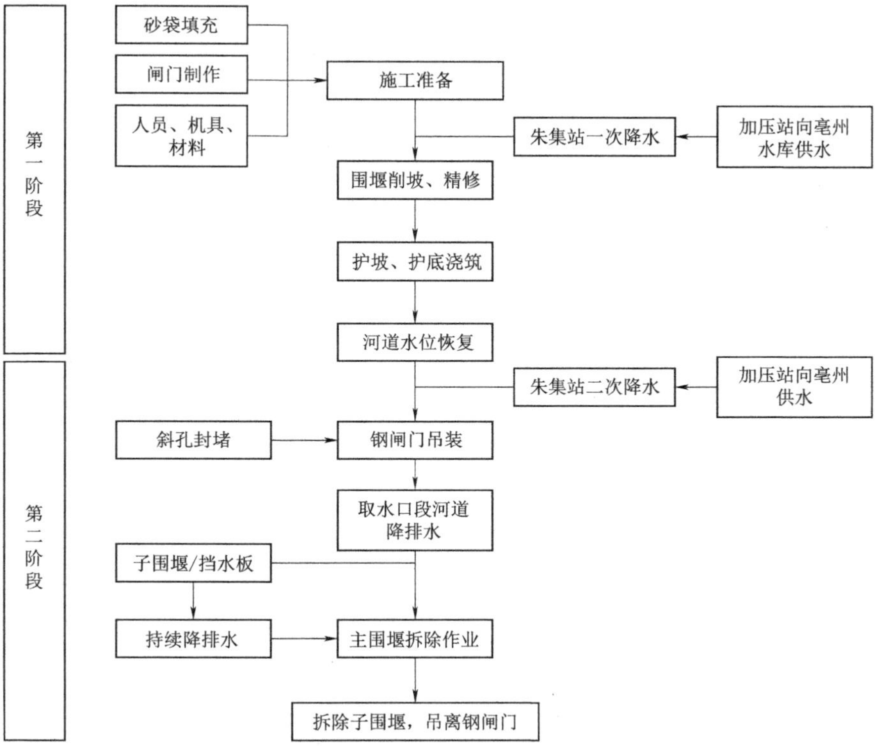

图 1 整体施工部署流程图

3 工程实施方法

3.1 施工准备

3.1.1 人员设备准备

按照施工进度计划及现场施工情况合理配置现场管理人员及各种作业人员，并选择配备合适数量的施工设备，以满足施工进度需求。

3.1.2 材料准备

钢板焊接材质选用 Q345 型钢板块，应检查钢板的牌号、厚度和表面质量，实板接缝焊接材料采用氢弧 J50 焊丝，焊条采用 THJ507 焊条，要求材料质量证明文件齐全、清晰、完整，物理性能指标符合规范要求。

3.2 钢闸门制作

3.2.1 钢闸门设计

钢闸门选择相应的专业厂家进行加工制作，选用 Q345 型钢，钢板厚度为 6mm，四周以厚 200mm 的槽钢纵横梁焊接加固，门叶以厚 180mm 的槽钢焊接加固。根据现场拦污栅孔径与导轨的尺寸设计每扇钢闸门的尺寸（宽×高=4.5m×4m 或 3m）进行制作与焊接，并在钢闸门两侧及底部设置止水橡胶，闸门上端焊接吊耳。钢闸门设计布置如图 2 所示。

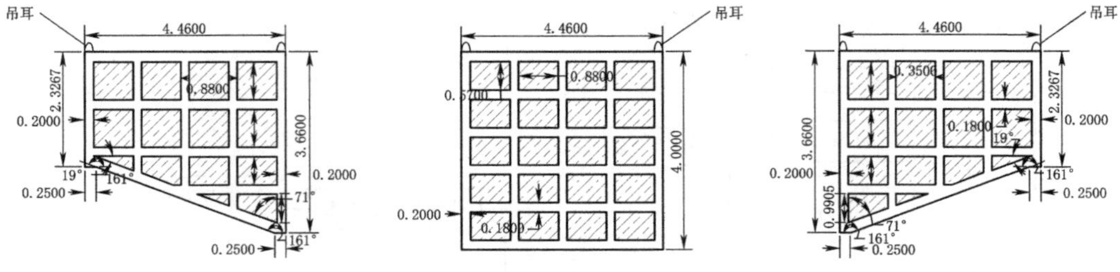

(a) 左孔　　(b) 中孔　　(c) 右孔

图 2　钢闸门设计布置图（单位：m）

3.2.2　材料切割与焊接

在材料切割操作平台上使用割枪根据尺寸加工钢板、槽钢等材料。使用氧气瓶、乙炔瓶的安全距离为 10m，乙炔瓶严禁卧地平躺使用，如出现乙炔瓶卧地平躺，将其扶正并静止 15min 后方可使用。氧气瓶、乙炔瓶存放时的安全距离为 2m。严禁将瓶内气体用净，应留有余压，乙炔不得低于 0.05MPa，氧气不得低于 0.1MPa。

钢板焊接采用氩弧焊打底，分层焊接，引弧设在形成坡口的部位，防止烧伤主板。先以端头两点定位法将钢板焊接固定，长度为 15mm，对口间隙留 2～3mm，以两个面相互平行齐平，焊前时对裂纹缺陷进行仔细检查，以确保钢板点焊得牢固。施焊时先在钢板坡口打弧，然后分层焊接，收弧时弧坑已填满，并向坡口一侧拉出灭弧。焊完一层之后，将焊渣清除干净再焊第二层。依次将钢板焊接完成。焊机要求必须有良好的接地，不准在裸露的雨天环境下工作。焊工操作时要佩戴防护用品。已焊接好的钢板施以保护措施，不沾油污。施工中要注意按骨架切割长度及编号拼装且保证整体平整度可使钢板的位置安装更准确。焊接后冷却接头时严禁浇水，且不得在其上堆放重物及重击钢板接头部位，以免钢板因重力或受压而变形。严格按照闸门尺寸及焊接方式进行拼装焊接。

3.2.3　止水及附属安装

闸门采取平板钢闸门，并充分利用清污机的闸门槽工作轨道，通过侧向力使钢闸门的 P 型止水带紧贴闸槽的止水面，以达到止水的目的。将 P 型止水带通过螺栓安装在钢闸门的主体框架结构上，在 P 型止水带的一侧安装反向滑块，以减少橡皮磨损。安装的反向滑块可对闸门起到导向作用。侧止水安装示意如图 3 所示。

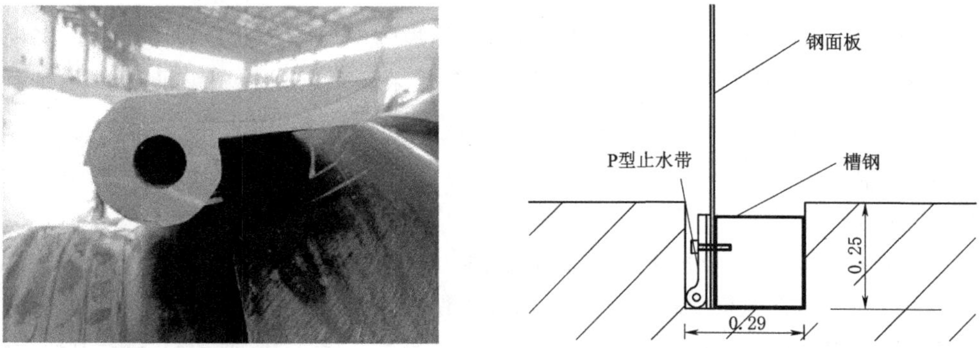

(a) 侧面止水　　(b) 安装位置

图 3　侧面止水安装示意图（单位：m）

3.3 第一阶段降低内河水位施工

在加压站向亳州方向供水完成后，需要朱集站配合调水，降低河道整体水位，待水位降至 26.00m 高程，对现状待拆除围堰进行削坡、精修，然后仅对未完成的护坡、护底进行施工。施工完成后视加压站、朱集站调水的需要选择第二阶段的施工时间段。施工总平面布置示意如图 4 所示。

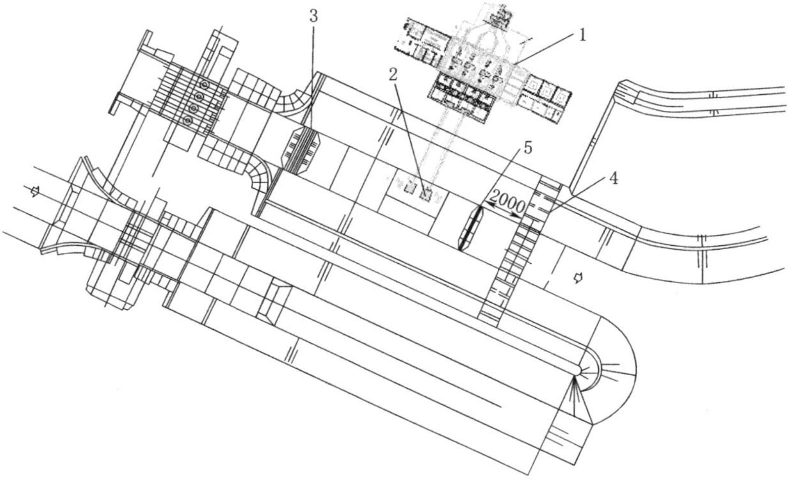

图 4　施工总平面布置示意图

1—朱集调水站；2—加压站；3—拆除围堰；4—拦污栅桥；5—临时子围堰

(1) 围堰削坡与精修。因部分护坡工程及护底工程被填筑的围堰压在堰身下，因此在高水头下无法进行开挖施工，须待水位降至 26.00m 高程时，开始对围堰的堰身按照 1∶3 的坡比进行削坡，挖至建基面时预留 0.15m 的保护层。削坡方向与渠道轴线垂直，应自上而下顺坡进行，并将挖掘的土料堆于边坡顶部。围堰削坡后的土方运输至其他地点填筑，多余的土方则由自卸卡车运至指定的场外弃土场，以使削坡后的土方宏观最大化的利用。对挖掘机的铲斗进行改装，在斗齿上焊一块 1.5m×0.15m×0.02m（长×宽×厚）的钢刮板，以确保坡面平整。以垂直于渠道轴线方向自上而下地用挖掘机钢刮板及人工铁锹清除预留的薄土层，随钢刮板拢堆并清至边坡顶部。沿顺坡坡面以 5m 为一断面，搭设木桩悬挂尼龙线，按设计坡比 1∶3 控制，精修坡面直至坡面平整度和坡度符合规范要求。

(2) 预制块铺装施工。按照施工放线及几何尺寸开挖并浇筑护坡的压顶与格梗，压顶与格梗每隔 20m 设置一道沉降缝，浇筑 C25 混凝土，浇筑基座顶标高与预制块护坡砌块表面标高一平，非承重混凝土强度达到 2.5MPa 时拆除模板。在每一个格框内沿坡面均匀铺设碎石垫层，且按设计厚度刮平找平后覆盖 $300g/m^2$ 的土工布防渗。在进行预制块铺装时，应带线自下而上且从左（或右）下角铺设护坡预制块，铺设方向与基座平行，严禁与基座垂直，要求缝宽均匀且线性规则，不得留有通缝；整个护坡表面应保持平整、稳定。铺装过程中无须敲击，仅需用撬棍轻轻撬动一下预制块，缝隙便可满足设计要求。

3.4 第二阶段降低内河整体水位施工

在加压站供水完成后，仍需朱集站调水，降低整体河道水位，再利用现有清污机桥，以制作的钢板闸门对现有清污机桥中间，7 孔进行临时封堵，利用砂袋将清污机桥侧孔封堵。利用抽水泵将取水口段河道水位降至接近河底时，在距简易钢闸门下游 20m 处设置一道高 2m、底宽 6m 的砂袋围堰拦挡钢闸门渗漏水。

水位降至约 23.5m 处开始对围堰进行分层开挖，开挖完成后即对该段剩余护底进行施工，从而完成整体河道的恢复。

3.5 闸门吊装

闸门安装时，选取 16t 汽车吊装卸车，利用现有的宽约 15m 的施工便道为吊车行车道，可满足吊车 10m 转弯半径的要求，并利用现有清污机桥交通桥作为吊装平台，在水位降至 26m 处即开始吊装作业，整个吊装拟 2 天完成。

3.5.1 吊车复核验算

以徐工 16t 吊车为例，其最小转弯半径为 10m，额定起重量为 16t，额定起重力矩为 686kN·m，最小工作幅度为 3m，支腿跨距为 4.6m×5.4m。结合吊机结构尺寸和现场作业空间，测得汽车吊机安全工作半径为 8m；查该起重机技术性能表可知：当汽车吊臂伸长为 16m、回转半径为 8m 时，有效起重能力为 5.6t；选用绳芯为 6×37、直径为 8.7mm、抗拉强度为 1400N/mm^2 钢丝绳，经过计算，钢丝绳的容许拉力 4.0kN(4.0kN＞2.875kN)；为保证汽车吊在运行过程中的稳定，需进行抗倾覆验算，需满足稳定力矩大于倾覆力矩。查《起重机设计规范》（GB/T 3811—2008）可知

$$\sum M = K_g M_g + K_q M_q + K_w M_w \geq 0 \tag{1}$$

式中：$\sum M$ 为累计力矩总和，kN·m；K_g 为自重加权系数，取 1；K_q 为起升荷载加权系数，取 1.15；K_w 为风动荷载加权系数，取 1；M_g、M_q、M_w 分别为汽车吊的自重、起升荷载、风动荷载对倾覆边的力矩，kN·m。

汽车自重取 7t（自重 5t、配重 2t），吊起重量考虑为双吊，取 2.3/2=1.15(t)。风动荷载按照起重荷载的 20%考虑。汽车吊支腿全展开为 4.5m，故半幅取 2.25m，工作半径最大取 8m，代入公式（1）中得出抗倾覆力矩 $M_{抗}$/倾覆力矩 $M_{倾}$=1.76(1.76＞1.4)。经验算，现场选择的 16t 汽车吊抗倾覆性满足要求。

3.5.2 闸门吊装施工

（1）安装顺序。闸门安装顺序如图 5 所示。汽车吊对闸门进行吊装，吊装顺序依次为图 5 中①和⑦部分、②和⑥部分、③和⑤部分、④部分。

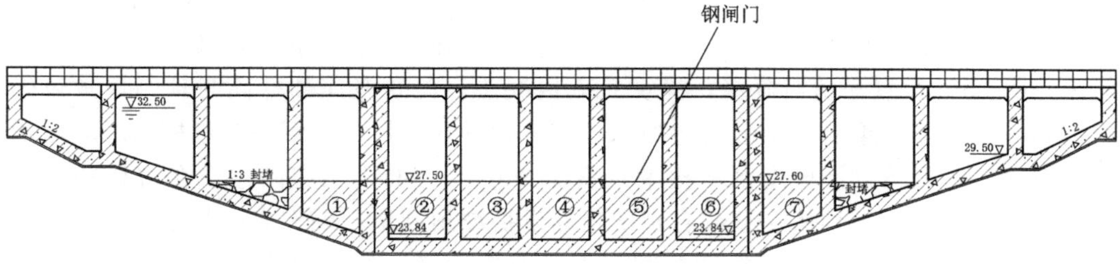

图 5 闸门安装顺序图（单位：m）

（2）闸门吊装施工。首先清除门叶上和门槽内杂物并冲洗洁净，闸门吊移时，将汽车吊吊钩旋转到位，然后缓慢收紧主吊钩使起吊钢丝绳受力，最后仔细检查各吊装连接是否

可靠，以防闸门失稳、倾覆、脱落等情况发生。

安装前，应对止水橡皮处洒水润滑。吊车通过起吊装置时将闸门吊起，闸门底部放入喇叭槽内约200mm时，在门槽前后、左右位置微调门叶，基本对中后，缓慢下降，直至底槛。闸门吊装完成后进行设计水头压力试验，每米长度橡皮止水通过的漏水量不应超过0.1L/s。

3.6 围堰施工

为确保施工区域各项施工顺利进行，不受钢闸门渗漏影响，距清污机桥20m处增设一道子围堰，并将子围堰与闸门中存储的渗流排水至上游，保证施工区域不受闸门渗流影响。同步拆除进水口的土围堰，进行堰身下护坦施工。

3.6.1 子围堰填筑

砂袋围堰分层填筑，尽量选用填充量大且结实可靠的编织物袋，长度根据现场具体情况确定。为了使围堰充分发挥止水性能，在迎水面铺设止水薄膜，并用小砂袋压紧，每筑两层砂袋布设一处小砂袋压紧，间距为1.5m。

在拦污栅闸前20m范围内测量放样，以确定子围堰的轴线，同时测量出河床面标高，布设水位测量观测点；采用长臂挖掘机对围堰位置进行场地初平和淤泥清除，以利于砂袋的安放。第二阶段，通过供水和持续运行水泵降低内河水位，直到水位降至约23.5m高程为止。随后放置底层砂袋，并由人工或冲砂机直接向砂袋中注入砂。将砂装入袋子时可填至容积的75％～85％，每次完成一层填充后需测量观察，检查是否有沉降。若出现明显的沉降，应等待其稳定后才能进行下一道填充施工。已经铺好的砂袋只需用力踩实，继续这样操作，堰体将逐渐前进直至完全闭合施工过程中注意做好防渗工作。沉降稳定后再进行下一层砂袋的施工，依此逐层充灌砂袋筑至设计标高并在外侧铺设止水土工膜，使用小砂袋间隔压住固定。

3.6.2 基坑主围堰拆除

在水位降至近高程23.5m处时，使用挖掘机以后退法进行围堰拆除工作。因河口较宽，堰体土方量较大，弃土无法一次性甩至岸边，结合现场情况，拆除围堰时拟配备2台挖掘机、2台推土机，自卸车后退装土。为确保安全，挖掘机在堰体上施工时，在其履带下侧铺设钢板，增大挖掘机受力面积。从围堰中心向两侧开挖，修筑剩余部分的护坡边坡时，将围堰拆除至24.00m高程，再将所有弃土由自卸汽车外运至指定的弃土场。如在高水头下拆除围堰，会造成大量泥沙涌入水泵泵体中，不仅缩短设备使用寿命，还污染水环境。

3.7 护底施工

围堰拆除完成，内河的水位降至23.5m后，首先以上述方法完成剩余预制块的铺装施工，其次使用挖掘机对护底的基面进行整平并浇筑垫层，最后依次进行钢筋的制安绑扎、模板的封模与加固、浇筑混凝土等工序，优质地完成堰下填埋混凝土护底施工。

3.8 子围堰及闸门的拆除

（1）子围堰拆除。子围堰拆除按照从两端到中间、从上至下的顺序进行，将每个砂袋转运至拦污栅附近，便于使用吊车停置在交通桥上将砂袋转运至运输车上，运送至场外弃土场。

(2) 闸门拆除。待施工区域施工全部完成后，利用上述吊装方案提升闸门并运输至指定区域存放。

4 结语

以加压站向水站供水或钢闸门封堵拦污栅桥，通过多次供水降低封堵内河道段水体的水位高度，逐次削坡直至拆除围堰，完成混凝土预制块与护底的施工，该方法解决了传统的挖掘机直接在高水头情况下挖除围堰，造成泥沙涌入水泵泵体中的问题，不仅延长了设备使用寿命，而且减少了水环境污染。多次降低河道水位快速拆除围堰的挡水装置，该施工方法不仅能为下游水库正常供水，且满足各水库汛前调、蓄水需要，高效地拆除围堰，完成堰下填埋预制块与护底施工，恢复河道施工整体效果。

参考文献

[1] 梁志文. 论某景区内湖面道路（景观栈道）砂袋围堰止水施工技术难点 [J]. 建筑工程技术与设计，2018 (10)：196-197.
[2] 巩云涛. 南水北调中线渠道衬砌混凝土施工技术 [J]. 房地产导刊，2017 (35)：128.
[3] 李广. 探讨大三角生态预制块护坡的施工技术应用 [J]. 房地产导刊，2018 (9)：73.

多台起重臂交叉塔式起重机防碰撞布置与运行方法

朱艳辉　聂金龙　刘义光

【摘　要】本文通过引江济淮工程（安徽段）引江济巢段 X001－1 凤凰颈泵站改造及巢湖闸鱼道工程 4 台相距较近塔吊防碰撞措施的研究与应用，总结了塔式起重机群塔运行防碰撞施工经验，可为类似群塔起重吊装提供借鉴。

【关键词】塔式起重机　群塔　交叉　防碰撞　最小距离

1　引言

凤凰颈泵站改造工程为引江济淮工程西兆线引江线路上的提水泵站，位于安徽省无为市刘渡镇无为大堤上，它利用老泵站进行改造与扩建，以满足引江、排涝等多种功能的需要。泵站设计排涝流量 240m^3/s，引江流量为 150m^3/s，工程规模为大（1）型。凤凰颈泵站改造工程主要由穿堤涵洞（由老泵站改造）、新建压力水箱、新建泵房、新建前池（西河侧）等主要建筑物组成。

项目场地狭小，基坑开挖深度大，在项目老泵站延长段、压力水箱的主体结构施工完成，新建泵站、安装间主体结构施工至 12.50m 高程以后，安装 4 台塔式起重机，用于新建前池、主厂房、副厂房等上部主体结构施工所需的钢筋、模板、脚手架等材料的进场。其中 2 台为徐工 XGT6015A－8S，臂长均为 60m，用于新建前池施工；2 台为陕建机 STC125B(6513)A，臂长均为 65m，用于主厂房、副厂房施工。

2　塔式起重机布置

2.1　多台塔机布置原则

（1）多台塔机布置时，既要满足施工生产要求，又要减少相互干扰，因此在平面布置时应尽可能覆盖整个施工面，不产生或少产生盲点。

（2）相邻塔机要有足够的安全距离，塔机回转时覆盖面尽可能少重叠或不重叠。

（3）塔机垂直运输时应能穿越现场施工构件，确保不同几何尺寸的物件有足够的间隙距离提升到需要的作业平台。

（4）塔机应有足够的高度，在考虑到吊钩高度、吊索高度和吊物高度以及安全限位高度后，应有足够的垂直距离保证各种不同几何尺寸的物件进行水平运输。

（5）塔机间应错开，塔与塔之间的最小架设距离应保证处于低位的塔机臂架端部与两侧塔身之间有 2m 的距离，确保吊钩在最大高度回转时不相互碰撞，避开施工范围内的所有设施（如相邻建筑和高压架空线路等），在危险距离内应进行隔离防护。

（6）处于高位塔机最低位置的部件（吊钩升至最高点或最高位置的平衡重）与处于低位塔机高位部件之间的垂直距离不得少于一个标准节［该项目两种型号塔式起重机的标准节高度分别为 2.8m 和 3m，4 台塔机大臂都可旋转一周（360°）］；塔机通过安装高度限位控制，保证塔机大臂相互不碰撞。

2.2 平面位置

由于项目场地狭小，根据项目整体施工安排，结合现场实际情况，塔式起重机应在满足吊装需要的前提下，尽量少占用施工场地，并考虑利用现有构筑物进行布置。为充分发挥 4 台塔式起重机的工作效率，综合考虑以上因素，2 台陕建机 STC125B（6513）A 型塔式起重机布置于新建压力水箱两侧边墩墙顶部，距新建泵房结构外缘 7.5m；2 台徐工 XGT6015A - 8S 型塔式起重机布置于前池 1 号翼墙底板上。塔式起重机平面布置如图 1 所示。

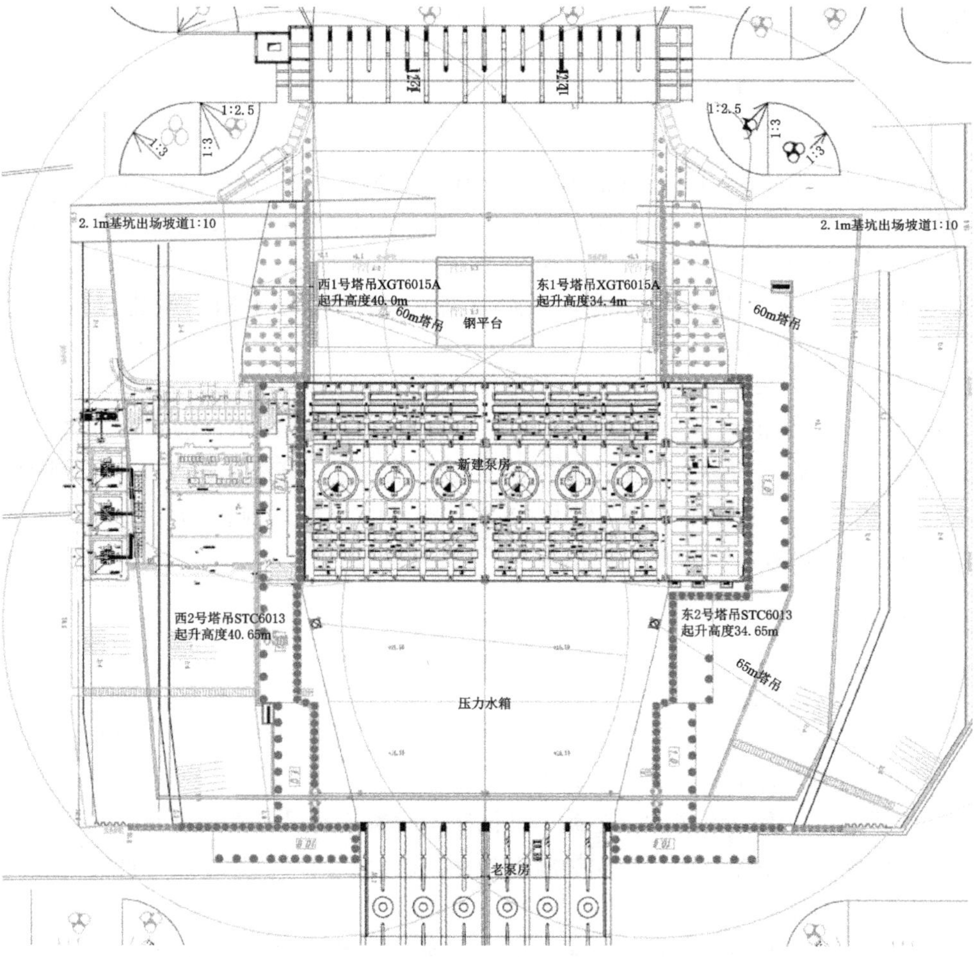

图 1　塔式起重机平面布置图

根据徐工 XGT6015A－8S 和陕建机 STC125B（6513）A 的使用说明书，前者标准节尺寸为 1.6m×1.6m（长×宽），后者标准节尺寸为 1.736m×1.672m（长×宽）。

《建筑机械使用安全规程》(JGJ 33—2012）第 4.4.22 条规定："当同一施工地点有两台以上塔式起重机并可能互相干涉时，应制定群塔作业方案；两台塔式起重机之间的最小架设距离应保证处于低位塔式起重机的起重臂端部与另一台塔式起重机的塔身之间至少有 2m 的距离；处于高位塔式起重机的最低位置的部件（吊钩升至最高点或平衡重的最低部位）与低位塔式起重机中处于最高位置部件之间的垂直距离不应小于 2m。"

根据平面布置图，塔式起重机基础水平间距最小距离为 65.62m，为东 1 号塔式起重机与东 2 号塔式起重机和西 1 号塔式起重机与西 2 号塔式起重机之间的距离，考虑低塔东 1 号和西 1 号塔式起重机作业时回转半径为 60m，则塔机水平最小距离为 65.62－60＝5.62(m)(5.62m＞2m)，水平方向满足塔式起重机运行要求。塔式起重机水平间距示意如图 2 所示 ，水平交叉示意如图 3 所示。

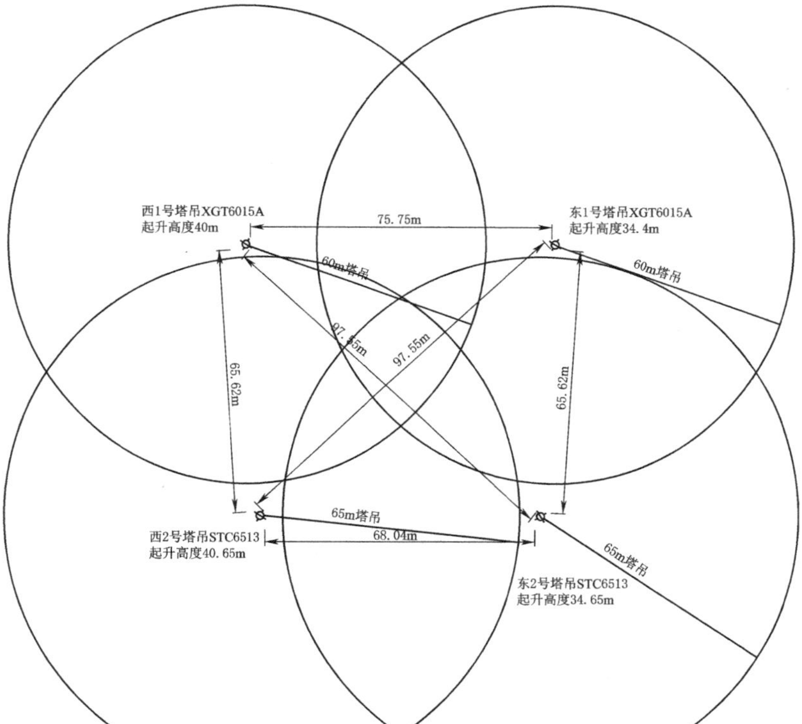

图 2　塔式起重机水平间距示意图

2.3　起升高度

第二阶段，塔式起重机基础均利用永久构筑物施工，其中新建压力水箱基础为 CFG 桩（水泥粉煤灰碎石桩）群桩基础，基础位置压力水箱边墩墙厚度为 2.5m，顶板厚度为 1.5m，均为 C30 钢筋混凝土结构；新建前池翼墙基础为钢筋混凝土灌注桩群桩基础，底板为厚度 1.2m 的 C30 钢筋混凝土结构。塔式起重机基础的承载力和稳定性均可满足，塔

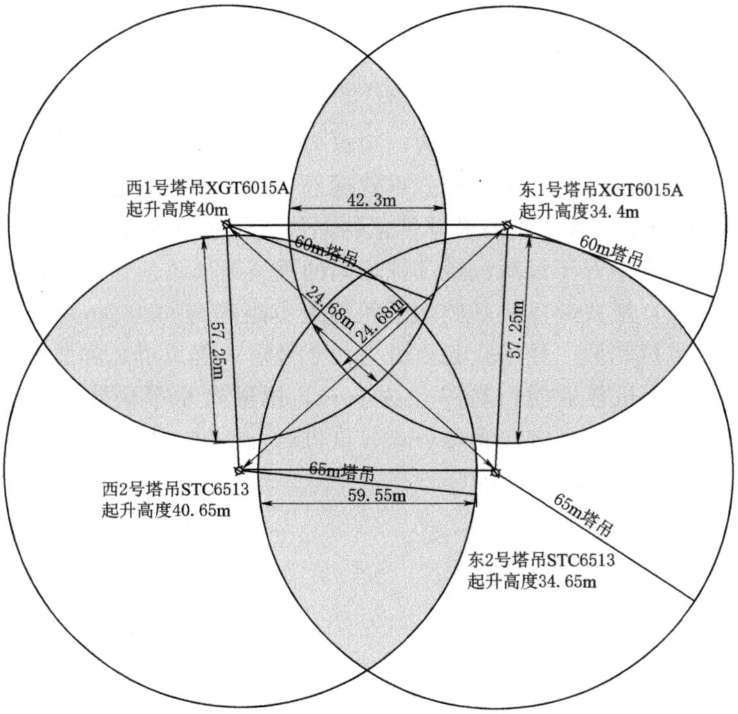

图 3　塔式起重机水平交叉示意图

式起重机基础埋件随上述结构施工，由塔式起重机专业安拆人员进行同步预埋。

根据徐工 XGT6015A－8S 型和陕建机 STC125B（6513）A 型的使用说明书，前者标准节高度为 2.8m，最大组合高度为 39.55m（1×基础节＋11×标准节＋1×特殊节）时，起升高度为 40m；后者标准节高度为 3m，最大组合高度为 43.5m（1×基础节＋12×标准节）时，起升高度为 43.65m。陕建机 STC125B（6513）A 型塔式起重机起升高度示意如图 4 所示，徐工 XGT6015A－8S 型塔式起重机起升高度示意如图 5 所示。

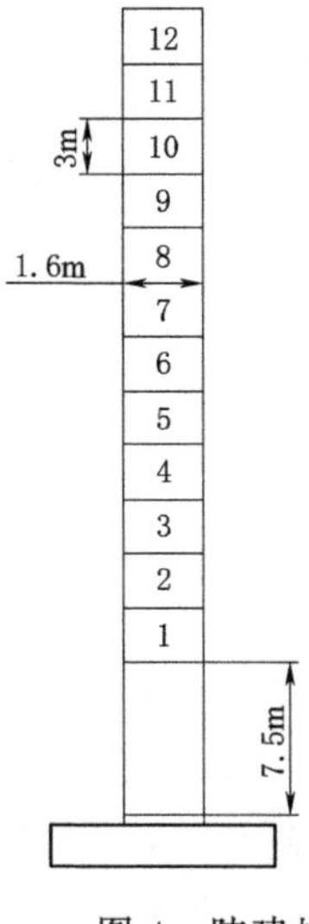

塔身标准节组合	吊钩高度/m
1+0	7.65
1+1	10.65
1+2	13.65
1+3	16.65
1+4	19.65
1+5	22.65
1+6	25.65
1+7	28.65
1+8	31.65
1+9	34.65
1+10	37.65
1+11	40.65
1+12	43.65

图 4　陕建机 STC125B（6513）A 型塔式起重机起升高度示意图

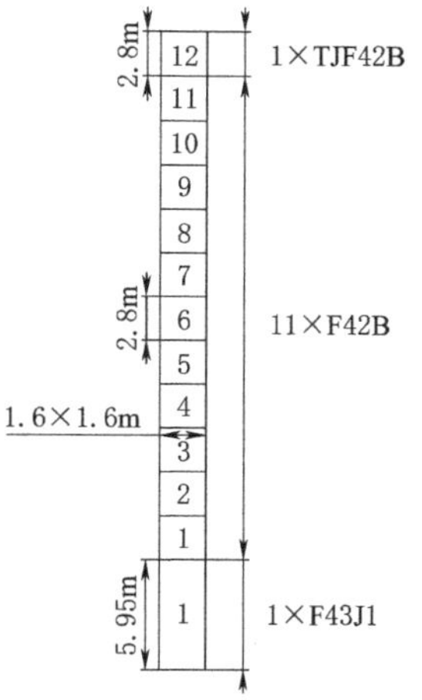

起升高度/m	塔身配置		
	基础节(F43J1)	标准节(F42B)	特殊节(TJF42B)
40	1	11	1
37.2	1	10	1
34.4	1	9	1
31.6	1	8	1
28.8	1	7	1
26	1	6	1
23.2	1	5	1
20.4	1	4	1
17.6	1	3	1
14.8	1	2	1
12	1	1	1

图 5　徐工 XGT6015A－8S 型塔式起重机起升高度示意图

2 台陕建机 STC125B（6513）A 型塔式起重机基础顶高程均设置在 10.20m，2 台徐工 XGT6015A－8S 型塔式起重机基础顶高程均设置在 0.20m，老泵站厂房顶高程为 26.80m，新建泵房屋顶顶面高程为 32.00m。根据塔式起重机施工平面布置图，西 1 号、东 1 号塔式起重机为徐工 XGT6015A－8S 型，西 2 号、东 2 号塔式起重机为陕建机 STC125B（6513）A 型，综合考虑 4 台塔式起重机交叉作业的影响，确定西 1 号塔式起重机起升高度为 40m（1×基础节＋11×标准节＋1×特殊节），西 2 号塔式起重机起升高度为 40.65m（1×基础节＋11×标准节），东 1 号塔式起重机起升高度为 34.4m（1×基础节＋9×标准节＋1×特殊节），东 2 号塔式起重机起升高度为 34.65m（1×基础节＋9×标准节），其中东 1 号塔式起重机与西 1 号塔式起重机垂直方向间距最小，为 2.25m，满足塔式起重机运行距离要求。考虑到第二阶段塔式起重机施工覆盖区域存有老泵站厂房，西 2 号、东 2 号塔式起重机运行时与老泵站厂房交叉，西 2 号、东 2 号塔式起重机基础顶面高程为 10.20m（压力水箱顶部高程），东 2 号起升高度为 34.65m，西 2 号起升高度为 40.65m，老泵房顶高程为 26.80m，因此，塔式起重机与老泵房的最小垂直运行距离 $L_1=10.2+34.65-26.8=18.05(\text{m})(18.05\text{m}>2\text{m})$，垂直方向满足塔式起重机运行距离要求。同时，第二阶段 4 台塔式起重机施工均覆盖新建泵站主厂房，最不利工况为东 1 号塔式起重机，东 1 号塔式起重机基础顶高程为 0.20m，其起升高度为 34.4m，主厂房顶设计高程为 32.00m，因此，4 台塔式起重机与主厂房的最小垂直运行距离 $L_1=0.2+34.4-32=2.6(\text{m})(2.6\text{m}>2\text{m})$，垂直方向满足塔式起重机运行距离要求。4 台塔式起重机垂直高度见表 1，垂直距离示意（第二阶段）如图 6 所示。

表 1　　　　4 台塔式起重机垂直高度参数

塔机编号	基础顶高程/m	起升高度/m	吊钩高程/m	塔身高度/m	塔顶标高/m	备注
东 1 号	0.20	34.4	34.6	37.75	37.95	
西 1 号	0.20	40	40.2	43.35	43.55	
东 2 号	10.20	34.65	44.85	38.6	48.8	
西 2 号	10.20	40.65	50.85	44.6	54.8	

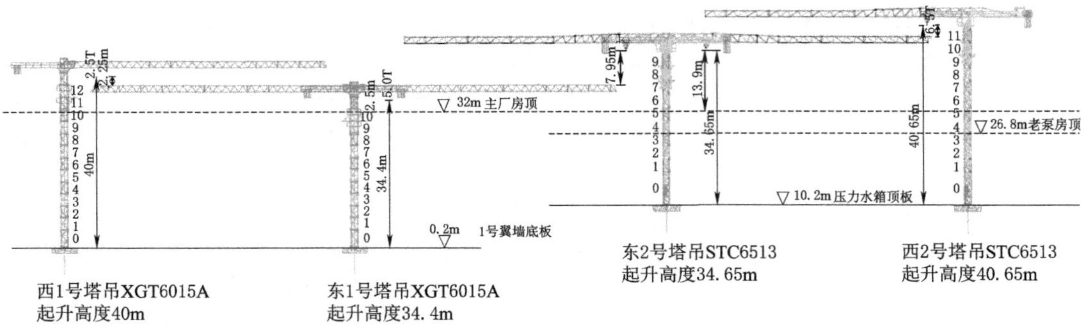

图6 塔式起重机垂直距离示意图（第二阶段）

2.4 供电

项目引入3台容量为630kVA的变压器，2台布置在老泵站西侧的混凝土搅拌站附近，1台布置在老泵站东侧的工人居住区内；第一阶段西侧2台塔式起重机分别从1号和2号变压器的配电箱中接入塔式起重机附近配电箱，东侧塔式起重机从3号变压器的配电箱中接入塔式起重机附近配电箱。第二阶段西侧1台塔式起重机从2号变压器的配电箱中接入塔式起重机附近配电箱，东侧塔式起重机从3号变压器的配电箱中接入塔式起重机附近配电箱。

3 施工塔机防碰撞措施

3.1 塔机运行前安全检查措施

（1）机械结构外观情况、各传动机构应正常。

（2）各齿轮箱、液压油箱的油位应符合标准。

（3）主要部位连接螺栓应无松动。

（4）钢丝绳磨损情况及卡具紧固和穿绕滑轮应符合规定。

（5）供电电缆应无破损，起重机穿绳不允许当作工作零线。

（6）检查电源电压是否符合要求，送电前启动控制开关应在零位，接通电源后检查金属结构部分无漏电后方可上机。照明与起重机主断路器应分接，当主断路器切断电源时，照明不应断电。

（7）空载运转，检查行走、回转、起重变幅等各机构的制动器、安全限位、防护装置，确认正常后方可作业，操作时力求平稳，严禁急开急停。

3.2 多台塔机运行原则

（1）低塔让高塔。塔身高度较低的塔机，在转臂前应观察塔身高度较高的塔机的运行情况后再运行。

（2）后塔让先塔。在两塔机大臂交叉区域内运行时，后进入该区域的塔机要避让先进入该区域的塔机。

（3）动塔让静塔。在两塔机大臂交叉遇有运行时，在一塔机无回转、变幅等动作时，另一进行回转或变幅的塔机应对其避让。

（4）轻车让重车。在两塔机同时运行时，无载荷塔机应避让有载荷塔机。

（5）客塔让主塔。以不同单位实际工作区域划分塔机工作区域时，若塔机大臂进入非本单位工作区域，客区域的塔机要让主区域的塔机。

（6）在前者优先。执行上列原则，当出现多项时，按排列顺序在前者优先。

3.3 多台塔机同时作业安全措施

（1）塔机长时间暂停工作时，吊钩应起到最高处，小车拉到最近点并卸去吊钩上的吊索，大臂按顺风向停置。

（2）塔司与信号指挥人员必须配备对讲机，对讲机经统一确定频率后必须锁频，使用人员无权调动频率，且要做到专机专用。

（3）信号指挥人员应与塔机组相对固定，无特殊原因不得随意更换指挥人员；指挥人员未经主管和负责人同意，不得私自换岗。

（4）指挥过程中严格执行信号指挥人员与塔机司机的应答制度，即信号指挥人员发出动作指令时，先呼叫被指挥塔机的编号，待塔机司机应答后，信号指挥人员方可发出塔机动作指令。

（5）信号指挥人员必须时刻目视塔机吊钩与被吊物，塔机转臂过程中，信号指挥人员还须环顾周围相邻塔机的工作状态，并发出安全指示语言。安全指示语言必须明确、简短、完整、清晰。

3.4 智慧塔机监测系统

（1）为有效避免群塔作业时的碰撞问题，利用信息化管理手段加强群塔作业管理，安装群塔防碰撞系统和吊钩可视化系统。

（2）群塔防碰撞系统可实现群塔交叉作业时水平位置和垂直位置的双重预警，当两台及以上塔式起重机大臂相互旋转到设定的水平安全防撞距离后，或者吊钩竖向起升达到设定的防撞安全距离后，安装于塔式起重机驾驶室内的预警装置将发出警告语音提醒，塔司将根据预警提示及时采取有效措施，从而避免塔机发生碰撞。

（3）吊钩可视化系统是在吊钩上方安装高清可变焦摄像头，可实时查看吊钩下方情况，杜绝塔司视线盲区或与信号工、司索工沟通不畅带来的安全问题。

4 群塔作业安全操作规程

（1）各塔机制定并张贴群塔作业安全操作规程。

（2）各塔机使用时均必须有专业指挥人员按照操作规程相关现定进行指挥。

（3）当两台或两台以上塔机同时在距离较近的工作区域内工作时，指挥人员使用音响信号的音调应有明显区别，并要配合手势或旗语指挥。

（4）当多台塔机同时工作时，处于低位置塔机的起重臂臂端与另一台塔机塔身之间的距离不得小于 2m，处于高位置的部件（吊钩升至最高点或最高位置的平衡重）与低位置塔机处于最高位置的部件之间，任何情况下垂直方向的距离不得小于 2m。

（5）高位置的塔机吊重物需转过低位置塔机时，必须等吊钩收起，以防碰撞低塔（吊钩臂杆顶部不得小于 1m）并尽可能将吊钩收至臂根处。

（6）高位置的塔机吊重物需转过低位置塔机时，高塔必须先让位于低塔工作。塔机停置时，高塔和低塔均必须将吊钩收起，回至塔机臂根部。

（7）与塔式起重机安全运行责任人签订责任状，以确保管理责任及防范措施落实到人。

（8）提升重物平稳时，应高出其跨越的障碍物0.5m以上。起重吊装司机在吊装中应执行“十不吊”原则。

（9）塔机司机在作业时，发现紧急情况要立即停止施工。雨季作业时，要认真做好防触电、防雷、防坍塌和防大风工作，风力超过六级以上时，高空作业要停止。

（10）下机时将每个控制开关拨至零位，依次断开各路开关，关闭操作室门窗，下机后切断电源总开关，打开高空指示灯，大臂转到顺风方向。

5 设备日常检查及维修保养

（1）设备租赁单位应在现场配置专职管理人员和专职安全员，负责设备运行管理工作。

（2）配置专职电工以及其他维修保养人员，以保证设备的正常运行。

（3）根据项目设备管理相关规定，每天对设备运行状况进行巡视，督促作业人员填写交接班记录和维修保养记录。

（4）每月对设备进行例行保养，并留存相关记录。

（5）易损件、主要电气元件以及关键部件应在施工现场备有配件，以保证现场生产。

6 结语

针对引江济淮工程（安徽段）引江济巢段X001－1凤凰颈泵站改造及巢湖闸鱼道工程项目特点与实际情况，通过优化塔吊平面位置布置、起升高度设计，制定安全措施等，避免了塔式起重机在使用过程中发生群塔碰撞事故，有效地保障了塔吊作业过程和人员的安全及设备防护。

河湖底泥脱水固化含水率影响因素分析

郭永波　黄小恒　樊笑展

【摘　要】本文针对巢湖生态清淤试点工程河湖底泥脱水固化过程中的含水率问题进行了系统的研究与分析。通过实验与理论相结合的方法，探讨了影响河湖底泥脱水固化含水率的关键因素。首先概述了河湖底泥的特性及其对环境的影响，接着分析了底泥脱水固化技术的应用现状和存在的问题。本文重点研究了底泥性质、固化剂类型、固化条件以及工艺参数等对含水率的影响，研究结果表明，底泥的物理化学特性、固化剂的选择以及固化过程的控制是决定最终含水率的主要因素。本文为优化河湖底泥的脱水固化工艺提供了理论依据，并对实际工程应用具有指导意义。

【关键词】河湖底泥　脱水固化　含水率

1　引言

随着城市化进程的加快及工业活动的增加，河湖污染问题日益严重，导致大量底泥累积。河湖底泥中富含有机物、重金属等污染物，其处理与处置成为环境保护领域的重要课题。其中，底泥脱水固化技术因其能有效降低底泥体积、减少污染物的迁移能力而受到广泛关注。然而，固化过程中含水率的控制直接影响到固化效果和成本。因此，研究河湖底泥脱水固化含水率的影响因素具有重要的理论价值和实践意义。

2　工程概况

巢湖生态清淤试点工程清淤范围位于南淝河口外的近岸湖区，分布于南淝河航道左侧，总清淤区面积为 5.52km^2，试点区清淤深度为 20～50cm，平均清淤深度约为 0.29m，清淤工程量为 158.8 万 m^3。

采用环保绞吸式挖泥船进行底泥疏浚，疏浚的底泥通过管道输送至排泥区内进行固化处理。布置 1 个陆上排泥场和 1 个水上排泥场。陆上排泥场位于南淝河入湖口左岸巢湖大堤内侧空地，现状为十八联圩湿地，占地面积约为 173.24 亩。陆上排泥场内布置泥浆沉淀池、带式压滤处理厂、余水沉淀池、干泥堆场及临时生活办公营地、施工临时道路等。

疏浚的底泥由绞吸式挖泥船经排泥管线输送至泥浆沉淀池后，采用带式压滤机脱水固结，干泥临时堆放于堆场，经皮带机输送至南淝河口临时码头，转船舶经巢湖航道运送至巢湖市散兵镇中国建材码头，后转自卸汽车运至郭家山废弃矿坑坑塘堆置，用于后期矿坑生态修复用土。在堆土的坑塘底部铺设一层防渗土工膜，堆土区临时坡脚设置浆砌石小挡墙。

3 施工控制难点

陆上排泥场采用带式压滤机进行底泥脱水固结，水上排泥场采用土工管袋进行底泥脱水固结，脱水后的底泥需满足以下标准：

（1）干泥含水率，即干泥中水的质量与土粒质量之比小于50%，在后期的堆存、运输以及矿山修复、湿地带建设过程中应保证泡水后不泥化。

（2）添加的脱水助剂，宜满足《饮用水化学处理剂卫生安全性评价》（GB/T 17218—1998）的要求或在《食品安全国家标准　食品添加剂卫生标准》（GB 2760—2014）目录内。若脱水助剂不符合上述规范要求，应通过工前固结试验，经检测合格后方可投入使用。

（3）干泥污染物浓度检测值应小于《绿化种植土壤》（CJ/T 340—2016）中对土壤环境质量要求的指标，其中陆上排泥场内脱水固结后的底泥用于矿山修复，干泥pH值应控制在不大于7.5且不小于6.5。

（4）底泥固结产生的余水排放标准满足《污水综合排放标准》（GB 8978—1996）中的一级排放标准，即悬浮物小于70mg/L、化学需氧量小于100mg/L、氨氮小于15mg/L。絮凝后的出水，pH值应符合《地表水环境质量标准》（GB 3838—2002）的要求。

4 工艺原理

首先通过湖区环保吸式挖泥船将底泥通过输泥管线输送至垃圾筛分系统，将贝壳、碎石等垃圾进行筛分，泥浆进入泥浆沉淀池；接着由沉淀池内的小型环保绞吸船将泥浆用管道输送到浓缩罐，添加混凝剂实现初次的泥水分离，絮凝好的污泥通过重力作用进入固化车间；而后再进行静态和动态加药，充分絮凝好的污泥，进入带式压滤机的楔形压榨区域（板框机的隔膜压榨区）；最后通过滤布挤压（液压油缸）施加压力，最终实现泥水的彻底分离。处理总方量为128.2万m^3，泥饼含水率要求不大于50%，确保在后期的堆存、湿地带建设过程中泥饼泡水后不泥化。

5 工前试验

5.1 试验目的

该工程开始前无直接可以利用的底泥处理数据，因此在工程区域划分试验区域。通过底泥治理试验为清淤治理、药剂选型、压滤设备提供依据，确保该工程保质保量按期完成。

根据设计技术要求，此次底泥治理试验的试验区选择满足图纸及规范相关要求。底泥治理试验的主要目的如下：

（1）通过试验确定水下底泥性质，研究底泥脱水、压滤设备等其他有效辅助措施的适应性，分析并选定各项辅助措施的工艺参数、工效统计、经济成本、实施效果等。

（2）通过试验了解施工方案的可操作性，验证底泥治理工程的施工方法、施工机具选型、各项指标控制措施的可靠性。

（3）通过生产性试验了解压滤设备的工效情况，评价利用预定设备数量是否能够满足工期要求。

（4）通过不同区域底泥性质固化处理试验来确定压滤脱水时间、脱水效果以及其过程中絮凝剂聚丙烯酰胺（PAM）的加药量等参数。

5.2 生产添加剂的筛选

疏浚污泥样品试验可进行污泥固化药剂的筛选试验，一般衡量污泥脱水性能的指标主要有两个，一个是污泥的比阻（R），另一个是污泥的毛细吸水时间（CST）。它们是表示污泥过滤特性的综合性指标。

污泥的比组指的是：单位质量的污泥在一定压力下过滤时在单位过滤面积上的阻力。求此值的作用是比较不同污泥（或同一污泥加入不同量的混合剂后）的过滤性能。污泥比阻越大，过滤脱水性能越差，反之脱水性能越好。在污泥中加入混凝剂、助滤剂等化学药剂，可使比阻降低，使脱水性能得到改善。

污泥的毛细吸水时间系指污泥中的毛细水在滤纸上渗透 1cm 距离所需要的时间。

比阻和毛细吸水时间是衡量污泥脱水性能的两个不同的指标，各有优缺点。一般来说，比阻能非常准确地反映出污泥的压滤脱水性能。毛细吸水时间测定简便，测定速度快，测定结果也较稳定，因此在实际运行控制中一般都采用毛细吸水时间作为污泥脱水性能指标。

该项目主要采用比阻和毛细吸水时间试验来评定采用的药剂是否与带式压滤机底泥脱水工艺匹配。试验得到下列药剂适用于该项目：

（1）复配无机高分子快速絮凝剂聚合氯化铝，符合《饮用水安全化学处理剂卫生安全性评价》（GB/T 17218—1998）的要求，型号为 LV - PAC - 01，Al_2O_3 含量不小于 29%。

（2）高分子絮凝剂聚丙烯酰胺，符合《饮用水安全化学处理剂卫生安全性评价》（GB/T 17218—1998）的要求，或符合满足《土壤环境质量　农用地土壤污染风险管控标准（试行）》（GB 15618—2018）的要求，其分子量大于 1000 万。

5.3 底泥性质分析

经过系统规划，对疏浚区设置点位的底泥进行采样并对底泥进行颗粒粒径分析，得到巢湖生态清淤试点工程区域内污泥颗粒主要为小颗粒黏土，D50（污泥的中值粒径）时约为 14.27μm，16μm 以下的颗粒物的平均占比达到 58.55%。特别地点，颗粒大于 16μm 以上的占比小于 30%，属于典型的细颗粒污泥，占总清淤量的 50.41%。

5.4 压滤设备选型

压滤设备型号为 DYQ3000WP2 - 4D，属 DYQ 带式压滤机，除了具有一般带式压滤机连续生产、处理能力大、电耗少、噪声小、操作维修方便等特点外，这有以下特性：

（1）适用性广，DYQ 系列产品根据辊子的挤压和组合形式不同，有 DYQ - WP1、DYQ - NP1、DYQ - P3、DYQWP1F 等多种机型，针对不同性质的物料选用不同的机型，可达到理想的脱水效果。

（2）网带的张紧和调偏采用气缸进行，调整灵敏可靠。

(3) DYQ－SP 型机有独特的更换网带装置，网带环形无接头，延长网带使用寿命长。

5.5 底泥固化含水率分析

生产中发现，污泥颗粒粒径对压滤机的产量和含水率等有重要影响，之前未见国内有相关的研究报道。

将不同粒径的污泥分别以不同的比例混合后进行脱水试验，从而比较污泥颗粒粒径对脱水效能的影响。

根据试验数据优选出两种效果最佳的配方，分别进行每种比例污泥在相同配方条件下的抽滤试验。

根据现场生产实验数据，当疏浚的污泥中粒径为 20μm 以上的颗粒物占比达 80%以上时，带式压滤机固化后的污泥含水率可达到 50%以下。

当疏浚的污泥中粒径为 20μm 以上的颗粒物占比小于 50%时，带式压滤机固化后污泥的含水率较高可达到 55%。

当疏浚的污泥中粒径为 20μm 以上的颗粒物占比小于 30%时，带式压滤机固化后污泥的含水率较高可达到 55%～65%，难以达到设计要求的含水率 55%的要求。

污泥的颗粒粒径对抽滤的污泥的含水率有重要影响，随着细颗粒污泥的增多，污泥采用不同配方脱水均表现为含水率逐渐升高，污泥脱水性能变差。

在粗颗粒占比达到 40%的条件下，经过计算，即粒径为 16μm 以上的颗粒物占比在 45%以上时，抽滤出的污泥含水率才能达到含水率 35%以下的要求。

同时，不同温度及带式压滤机运行速度对压滤固化含水率也会产生影响，气温较低时，相同工况下固化效果相对较差，针对细颗粒较多时，应适当调整带式压滤机运行速度，以达到最佳状态。

5.6 生产性试验结论

(1) 底泥性质的影响。底泥的基本物理化学性质，如粒径分布、有机质含量和初始含水率对其脱水固化行为具有显著影响。试验数据表明，较细的粒径和较高的有机质含量会导致底泥更难脱水，这可能与细颗粒的高比表面积和有机物的保水能力有关。

(2) 固化剂类型和用量的影响。不同的固化剂对底泥的脱水效果有不同的影响。无机盐类固化剂在降低含水率方面表现优异，这可能与其有效的离子强度增加和电荷中和能力有关。同时，固化剂的用量也存在一个最佳范围，过量或不足都会影响脱水效果。

(3) 固化条件的影响。温度和时间是影响固化过程的重要参数。较高的温度可以加速水分的蒸发和固化反应的进行，而足够的固化时间有助于保证固化剂与底泥充分反应，更有效地脱水。

(4) 工艺参数的影响。带式压滤机速度和压力等工艺参数直接影响底泥与固化剂的混合均匀程度和水分的排出效率。适当地调整运行速度可使压力更加均匀，有助于水分的挤出。

(5) 综合因素影响。河湖底泥的脱水固化是一个多因素相互作用的复杂过程。各影响因素之间并非独立，而是相互关联，共同决定了最终的固化效果。因此，在实际操作中，需要根据底泥的具体特性和环境条件灵活调整策略。

6 结语

河湖底泥的脱水固化处理技术是现代环境工程中的一项关键技术，其优势在于能够提高处理效率、减少环境污染、促进资源回收、增强社会效益、推动技术创新，有效地将河湖底泥中的水分去除，同时改善底泥的物理和化学性质，使其更适用于后续的处理或利用。同时，鉴于底泥的特性和环境条件的多样性，建议在实际应用前进行小规模试验，以确定最适合的固化剂种类、用量以及固化工艺参数。

参 考 文 献

[1] 沙志贵，肖华，罗保平，等. 淤泥脱水固结技术在环保清淤工程中的应用 [J]. 人民长江，2013，44 (11)：64-66.

[2] 袁玥，张瀚引，王伟，等. 絮凝剂对淤泥脱水效果分析 [J]. 城市建设理论研究（电子版），2012 (22)：11-13.

[3] 成金康. 絮凝调理对淤泥（浆）沉积规律与固结特性的影响研究 [D]. 武汉：华中科技大学，2019.

较厚淤质层地基附着多种邻桩套打施工工艺研究

张振民　倪　波　程浩林

【摘　要】望江县漳湖圩漳湖站工程施工过程中，地基基础处理是整个泵站施工的重中之重，从进水闸至防洪闸总共长 320m、宽 100m 施工区域中，共计施工钻孔灌注桩、高压旋喷桩、预应力高强度混凝土（PHC）管桩、水泥搅拌桩四种桩型，总根数为 9205 根，施工总长达 11 万 m，同时该工程有防洪度汛任务，施工工期较紧，增大了项目施工难度。为满足现场施工需要，同时保证地基基础处理施工质量，望江县漳湖圩漳湖站工程经过多次对比分析、不断总结，形成了区域划分、工效结合、主次分明、围打结合的施工工艺。通过该工艺，积累了宝贵的经验，使施工效率得到最大限度的提高，经济效益和社会效益也收获较大，为后续类似工程施工积累了很多宝贵经验。

【关键词】多种桩型　地基处理　区域划分　功效结合

1　引言

随着江河湖泊防洪标准的提高，大力兴修水利工程尤为重要，泵站改扩建工程也随之被列为重点工程。施工中地基基础处理是重难点，常用的地基处理方法多为换填垫层法、强夯法、砂石桩法、振冲法、水泥土搅拌法、高压喷射注浆法、夯实水泥土法、石灰桩法、土挤密桩法等。望江县漳湖圩漳湖站地基多为淤泥质粉质黏土夹粉细砂，淤泥质粉质黏土、淤泥质粉质黏土夹粉细砂为软弱土，具有高压缩性、强度低、易触变、天然含水率高、渗透性小、土体承载力低等特点，不利于基坑稳定。因工期较紧，临近长江防汛任务比较重，采取常规施工工艺处理施工难度大、工期长，难以控制水泥土褥垫层回填的质量，因此采用钻孔灌注桩、高压旋喷桩、PHC 管桩、水泥搅拌桩四种桩型套打的施工方法，以解决泵站较厚淤质层的复杂基础，同时便于褥垫层回填质量控制。由于各种桩型数量较多，各桩间距较近，各桩基间施工相互干扰，因而桩的施工套打顺序是工程施工措施研究的重点。通过对多种桩的套打施工工艺进行总结，为以后的类似工程提供借鉴，并总结形成施工工法。

2　工艺原理

泵站泵室部分对地基承载力变形或稳定性要求较高，现场地基淤质层较厚，地基稳定性差，采用钻孔灌注桩、高压旋喷桩、PHC 管桩、水泥搅拌桩四种桩型合理套打，利用桩基施工产生的“挤土效应”，将土挤压密实，以提高地基的稳定性。为防止“挤土效应”对桩质量造成破坏，对四种桩型进行施工分析，对各桩型间临桩套打影响及锤击振动应力波进行验算，使四种桩型以合理的先后顺序进行施工，即钻孔灌注桩—PHC管桩—高压旋喷桩—水泥搅拌桩，如此能够使各桩型间的相互影响降到最低。钻孔灌注桩由钢筋和混凝土组成，利用旋挖钻机施工的钻孔灌注桩，具有抗弯、抗压和防渗的特性，可以提高地基基础的承载力；高压旋喷桩利用钻机先钻小孔径钻孔到达预定深度，再以高压旋喷的喷嘴将气液混合物喷出，切割土体，将水泥浆喷入土层与土体混合，形成连续搭接的水泥加固体，该水泥加固体具有一定的强度和不透水性能，有加固土体和止水的效能；水泥搅拌桩是指搅拌机在下钻时，注浆的水泥用量占总数的80%左右，而提升时为20%左右，均匀、连续注入拌制好的水泥浆液，钻杆提升完毕时，设计水泥浆液全部注完，将水泥浆喷入土层与土体混合，形成连续搭接的水泥加固体。四种桩型按序施工，可降低各桩型间的相互干扰，最终达到理想的地基承载力，使褥垫层满足设计各项指标。

3 施工工艺流程及操作要点

3.1 旋挖钻施工操作要点

3.1.1 钢护筒埋设及泥浆配置

护筒采用内径比桩径大20～40cm的钢护筒。桩位校核无误后，人工埋设护筒，护筒中心轴线位于桩位中心，并严格保持护筒的竖直度。护筒高出地面0.3m，高出常水位1～2m，护筒周围用黏质土对称、均匀回填，并分层夯实。施工期间护筒内的泥浆面高出地下水位1.0m以上，在受水位涨落影响时，泥浆面高出最高水位1.5m以上。在清孔过程中，不断置换泥浆，直至浇筑水下混凝土。泥浆采用黏土护壁，浇筑混凝土前，孔底500mm以内的泥浆比重小于1.25，含砂率不得大于8%，黏度为18～28Pa·s（一般地层），胶体率不小于95%。

3.1.2 钻进成孔

（1）旋挖钻机的设置及调整。在钻孔作业之前需要对钻杆进行调垂作业。调垂可分为手动调垂、自动调垂两种方式。在钻杆相对零位±5°范围内才可通过显示器上的自动调垂按钮进行自动调垂作业；而钻杆超出相对零位±5°范围时，只能通过显示器上的电动按钮或操作箱上的电气手柄进行手动调垂作业。在调垂过程中，操作人员可通过显示器的钻杆工作界面实时监测桅杆的位置状态，使钻杆最终达到作业成孔的设定位置。

（2）钻孔作业。钻孔时先使钻斗着地，通过显示器上的清零按钮进行清零操作，记录钻机钻头的原始位置。开孔时，以钻斗自重并加压作为钻进动力，一次进尺短条形柱显示当前钻头的钻孔深度，长条形柱动态显示钻头的运动位置，孔深的数字显示此孔的总深度。当钻斗遭挤压而充满钻渣后，将其提出地表，用装载机将钻渣装入运渣车运至场外，以免污染现场；完毕后，通过操作显示器上的自动回位对正按钮使机器自动回到钻孔作业位置，或通过手动操作回转操作手柄使机器手动回到钻孔作业位置。此工作状态可通过显示器主界面中的回位标识进行监视。

3.1.3 成孔检查

成孔达到设计标高后，对孔深、孔径、孔壁垂直度、沉渣厚度等进行检查，检测标准为孔深、孔径不小于设计规定；钻孔倾斜度误差不大于1%；沉渣厚度不大于100mm。

3.2 PHC管桩施工操作要点

3.2.1 成品桩起吊

采用履带吊配合打桩机进行吊装，人工配合打桩机快速喂桩，再移送至桩位，过程中设专人协调指挥。

3.2.2 插桩与校正

将管桩对正钢桩靴，采用焊接的方式将管桩与钢桩靴焊接牢固，冷却3min后开始插桩，插桩深度达到30～50cm后进行调校。调校方法为：桩机机长使桩机纵横向保持水平，掌握好双向角度尺。第一节管桩插入地下时，保持方向正确，开始轻打，认真检查，若有偏差及时纠正，必要时拔出重打。管桩垂直度通过机架的旋转、滑动进行调整。调校完毕后，将管桩锤击打入土中，同时检查桩锤与桩帽中心是否保持一致，桩位有无松动，以便进行必要的纠偏。符合要求后，方可打桩。

3.2.3 打桩

打桩过程中，使桩锤、桩帽、桩身尽量保持在同一轴线上，调整时将桩锤及桩架导杆方向按桩身方向调整，尽量不使管桩偏心受压。每根桩基宜连续一次打完，尽量不中断。打桩时桩帽必须和桩相适应，并准确详细地记录打桩记录，直至完成该桩位的管桩插打工作。

3.2.4 接桩及焊接

接桩时桩头高出原地面1m左右，采用2台电焊机对称焊接。接桩前下节桩的桩头加上端板，然后将上节桩吊放在下节桩端板上，依靠垂直仪将上下桩接直，错位偏差控制在2mm以内。焊接前先确定端板是否合格平整，上下桩如有缝隙，用楔形铁片垫实并焊接牢固。焊接前，焊接的接触面用铁刷清理干净，直至坡口处出现金属光泽，选择分层对称环缝焊接。焊接的接头自然冷却，冷却时间至少为8min，严禁用水冷却。焊缝达到二级焊缝，层间焊皮清理干净，焊缝要求饱满，焊缝没有夹渣、气孔等缺陷，厚度必须满足设计要求。

3.3 水泥搅拌桩施工操作要点

3.3.1 预搅下沉

水泥搅拌桩开钻之前，应用水清洗整个管道并检验管道中有无堵塞现象，待水排尽后方可下钻。启动搅拌机钻盘，待搅拌头转速正常后，方可使钻杆沿导向架边下沉边搅拌。搅拌桩设计桩长为平均桩长，实际施工中桩长可由每台桩机确定的电流来控制（电流值为45～55A），下沉速度可通过档位调控（0.8～1.0m/min）以满足施工规范要求，工作电流不应大于额定值，水泥发送装置的转速大于50r/min。

3.3.2 拌制浆液

单根桩所需的水泥浆尽量一次拌制完成。一次拌不完的，根据总量分次拌制完成。深层搅拌桩预搅下沉的同时，后台拌制水泥浆液，待压浆前将浆液放入集料斗中。每根桩每次使用的水泥浆量要均匀充足，使用时根据在水泥罐罐壁上焊接的每根桩（或每次）需用水泥浆的刻度线确定用浆量，确保水泥浆满足配合比要求。通常水灰比控制在0.5～0.6，水泥浆相对密度要符合要求。

根据设计文件对水泥含量、桩径的要求，通过成桩试验，确定水泥浆的最佳水灰比为0.5～0.6，泵送压力为0.5～1.0MPa，搅拌机提升速度要小于0.5m/min，每米喷浆量控制在123.5～133.76kg。

3.3.3 喷浆反转搅拌提升

下沉到设计桩底高程后，开启灰浆泵，通过管路送浆至搅拌头出浆口，出浆后启动搅拌桩机并拉紧链条装置，按设计确定的提升速度，边喷浆并反转搅拌边提升钻杆，使浆液和土体充分拌和，第一次提钻喷浆应在桩底部停留30s，提钻至工作基准面下0.3m处，持喷30s后，停止搅拌和喷浆。启动搅拌钻机，钻头呈反向边旋转、边提升、边喷浆，使土体的水泥浆得到初步拌和，钻机提升速度小于0.5m/min，水泥发送装置的转速大于50r/min；钻机提升至桩顶以上50cm时关闭水泥发送装置，搅拌机提升至地面以下1.0m时宜用慢速；当喷浆口即将出地面时，应停止提升，搅拌数秒以保证桩头均匀密实。施工时因故停浆，为防止断桩和缺浆，应使搅拌机下沉至停浆面以下0.5m处，待恢复供浆后再喷浆提升。

3.3.4 重复搅拌下沉

启动搅拌桩机转盘，待搅拌头转速正常后，开始喷浆，同时使钻杆沿导向架边下沉边搅拌，下沉速度按0.8～1.0m/min进行，重复搅拌下沉至设计深度。下沉到设计深度后，停止喷浆。送浆压力控制在0.5～1.0MPa之间。针对软基处理区域土质较软弱及施工桩较深的特点，桩上部采用较低的送浆压力，桩下部采用较高的送浆压力，淤泥层中适当增大送浆压力，重点加固淤泥层。

3.3.5 重复搅拌提升

重复反转搅拌提升，一直提升至地面。施工过程中，提升速度小于0.5m/min，下沉速度控制在0.8～1.0m/min之间。

3.4 高压旋喷桩施工工艺

高压旋喷桩施工采用三管法，钻喷一体化施工按照部分孔序连续进行。

3.4.1 搅拌台布置

搅拌台由两台搅拌机组成，一级搅拌机为投料搅拌，二级搅拌机为过滤搅拌。二级搅拌机与高压注浆泵连接。高压注浆泵与旋喷钻机采用高压管连接，为喷浆机提供高压水泥浆，两者距离不超过50m，超过时需增加压力，确保喷射压力达到限定参数。

3.4.2 钻孔

贯入土中时，可借助喷射管本身的喷射或振动的力量。钻孔过程为：启动钻机，同时开启高压泥浆泵低压输送水泥浆液，使钻杆沿导向架振动、射流成孔下沉直到桩底设计标高，观察工作电流，其不应大于额定值。在插管过程中，为防止泥沙堵塞喷嘴，可用较小的压力（0.5～1.0MPa）边下管边射水。

3.4.3 提升喷浆管、搅拌

喷浆管下沉到设计深度后（钻孔的有效深度应超过设计深度300mm），停止钻进，旋转不停，高压泥浆泵压力增到施工设计值（25MPa），坐底喷浆30s后，边喷浆边旋转，同时严格按照设计确定的提升速度提升钻杆，由下而上喷射注浆。注浆达到设计深度后，接通空压管，开动高压清水泵、泥浆泵、空压机和钻机旋转，并用仪表控制压力、流量和风量，分别达到预定数值时开始提升，继续旋喷和提升，直至达到预期的加固高度后停止。为提高桩底端质量，在桩底部 1.0m 范围内应适当增加钻杆喷浆旋喷时间。

按照预定参数边旋喷边提升钻杆，直到喷至桩顶冒浆。当旋喷管提升接近桩顶时，应从桩顶以下 1.0m 开始，慢速提升旋喷，旋喷数秒后再向上慢速提升 0.5m，直至桩顶停浆面。桩顶冒浆时，注浆量达到设计要求的 20%～25%。

3.4.4 补浆

喷射注浆作业完成后，由于浆液的析水作用，一般均有不同程度的收缩，使固结体顶部出现凹穴，要及时用水灰比为 1.0 的水泥浆补灌。

4 结语

钻孔灌注桩具有承载力大、施工强度高等优点；PHC 管桩承载能力高、造价低、施工方便；高压旋喷桩施工方便、围封效果好；水泥土搅拌桩施工周期短、取材方便、造价低廉、造成的环境污染程度低。当前两种或多种桩型相结合应用于泵站等重要建设工程地基处理越来越广泛，这样能够充分发挥各施工桩型的结构特点，使之在水利工程中得到充分应用。高密度、多类型桩基施工有助于保障施工安全及目标进度，通过理论数据分析，合理进行不同桩型的临桩套打施工，可避免各桩基施工产生的“挤土效应”对质量工艺产生影响，使该项目地基处理整体施工水平得到了很大提升；采用组合工艺技术，时刻把握、控制质量，使地基基础处理的施工质量得到最大限度的保障；同时，施工工序及工效分析等，使施工效率得到最大限度的提高，经济效益和社会效益也收获较大，为后期同类型项目施工积累了宝贵经验。

参 考 文 献

[1] 王凯. 水利工程钻孔灌注桩施工技术探讨 [J]. 中国科技信息，2021 (5)：40 - 41.
[2] 张会. 浅谈水利水电工程的基础施工技术 [J]. 科技创新与应用，2017 (1)：243.

聚羧酸系高性能减水剂在引江济淮水利工程中的应用研究

石建虎　聂金龙

【摘　要】 引江济淮工程（安徽段）引江济巢段X001－1凤凰颈泵站改造及巢湖闸鱼道工程地处长江流域，历史上极限低温约为－10℃，工程使用年限为100年，主要水工建筑物处于二类、三类环境。根据现场施工工序安排，该工程大体积混凝土施工时段为6—8月，气温高，施工过程中对混凝土的和易性、坍落度损失、混凝温度控制及后期耐久性要求高。本文介绍了采用聚羧酸系高性能减水剂配制大体积混凝土并运用于引江济淮水利工程的情况。结果表明，聚羧酸系高性能减水剂高减水、高保坍、适应性强，可以有效地改善高温天气施工混凝土状态，避免水化热引起的温度变化和收缩而导致有害裂缝的产生，提高混凝土的耐久性。

【关键词】 聚羧酸系高性能减水剂　混凝土　引江济淮水利工程　耐久性

1　引言

凤凰颈泵站改造工程为引江济淮工程西兆线引江线路上的提水泵站，位于安徽省无为市刘渡镇无为大堤上，利用老泵站进行改造与扩建，以满足引江、排涝等多种功能的需要。泵站设计排涝流量为240m^3/s，引江流量为150m^3/s，工程等别为Ⅰ等，工程规模为大（1）型。凤凰颈泵站改造工程主要由穿堤涵洞（由老泵站改造）、新建压力水箱、新建泵房、新建前池（西河侧）等主要建筑物组成，建筑物等级均为1级。

根据《大体积混凝土施工标准》（GB 50496—2018），大体积混凝土的定义为：混凝土结构物实体最小尺寸不小于1m的大体量混凝土，或预计会因混凝土中胶凝材料水化引起的温度变化和收缩而导致有害裂缝产生的混凝土。结合项目施工图纸，该项目大体积混凝土主要施工部位有：新建泵站底板混凝土、墩墙混凝土和进、出水流道混凝土；安装间底板混凝土、墙体混凝土；压力水箱垫梁混凝土、底板混凝土、墙体混凝土、顶板混凝土；前池及两侧翼墙、前池底板混凝土。

聚羧酸系高性能减水剂是继木质素磺酸钙和萘系减水剂后发展起来的第三代高性能减水剂，具有减水高、适应性好、安全环保、能提高混凝土耐久性等特点，目前已经在世界各地各类工程中广泛应用。本文就该项目采用聚羧酸系高性能减水剂配制大体积混凝土，研究了新拌混凝土的和易性、耐久性。

2 试验原材料

2.1 胶凝材料

此次混凝土配合比设计试验采用巢湖海螺水泥有限责任公司生产的P·O 42.5水泥，其物理化学性能见表1。由表1可知，其各项指标均符合《通用硅酸盐水泥》（GB 175—2023）的要求。粉煤灰为安徽华电芜湖发电有限公司F类Ⅱ级粉煤灰，其物理化学性能见表2。由表2可知，其各项指标均符合《用于水泥和混凝土中的粉煤灰》（GB/T 1596—2017）的要求。

表1　巢湖海螺水泥有限责任公司P·O 42.5水泥物理化学性能

检验项目	标准稠度/%	比表面积/(m^2/kg)	凝结时间/min		抗折强度/MPa		抗压强度/MPa		安定性
			初凝	终凝	3d	28d	3d	28d	
P·O 42.5	27.8	346	231	289	5.5	8.6	31.4	52.2	合格
规定值	—	≥300	≥45	≤600	≥3.5	≥6.5	≥17.0	≥42.5	合格

表2　安徽华电芜湖发电有限公司粉煤灰物理化学性能　%

细度	需水量比	烧失量	含水量	三氧化硫质量分数	游离氧化钙含量
22.5	102	7.2	0.89	1.3	9.1

2.2 骨料

粗骨料选用芜湖市本地生产的碎石，采用5～16mm、16～31.5mm级配良好的碎石。二级配配合比粗骨料选择的组合比为6∶4；细骨料为鄱阳湖料场生产的天然砂，细度模数为2.5～2.8。此次混凝土配合比设计试验所用的卵石各项检测参数均符合《水工混凝土施工规范》（SL 677—2014）的要求；天然砂细度模数满足“天然砂的细度模数宜在2.2～3.0”的要求，其余检测参数均符合《水工混凝土施工规范》（SL 677—2014）的要求。

2.3 外加剂

此次混凝土配合比设计试验采用上海逸春建材科技有限公司生产的SX-C16聚羧酸系高性能减水剂，其匀质性及混凝土技术性能分别见表3和表4。由表3和表4可知，其各项指标均满足《混凝土外加剂》（GB 8076—2008）的要求。

表3　SX—C16聚羧酸系高性能减水剂匀质性

外观	含固量/%	密度/%	pH值	碱含量/%	氯离子含量/%	硫酸钠含量/%
无色液体	20.05	1.059	6.51	0.48	0.004	0.1

表4　SX—C16聚羧酸系高性能减水剂混凝土技术性能

减水率/%	泌水率/%	含气量/%	凝结时间差/min	抗压强度比/%	28d收缩率比/%
25.1	41.8	4.5	108	141	102

3 技术要求

根据项目施工图纸，该项目大体积混凝土主要分为C30W4F100和C35W4F100两种，项目部委托工地试验室进行了大体积混凝土的配合比试验，出具了混凝土配合比试验报告，并报送总承包项目部和监理工程师审批合格后方用于混凝土生产。在满足设计要求的混凝土强度、耐久性、和易性的前提下，尽可能采用低水胶比，降低单位用水量，并适当提高粉煤灰掺量和骨料含量，从而降低单位体积混凝土的水泥用量，减少混凝土干缩，并降低水泥水化热量。

4 试验结果及工程应用

4.1 混凝土拌合物性能

该工程最大的难点是施工时气温过高，混凝土和易性差、耐久性差。经过大量试验，调整聚羧酸系高性能减水剂中减水、保坍、缓凝、引气、保水等组分的比例，复配而成的产品 HLC－IX 聚羧酸系高性能减水剂用于 C30W4F100 和 C35W4F100 配合比，测得混凝土拌合物性能见表 5。

表 5　C30W4F100 及 C35W4F100 混凝土拌合物性能

混凝土设计等级	部位	掺量/%		坍落度/mm		含气量/%	和易性
		SX－C16 聚翔酸系高性能减水剂	AEA－701 混凝土高效引气剂	0h	1h		
C30W4F100	大体积混凝土	1.2	—	230	210	4.6	良好
C35W4F100		1.0	0.00005	220	200	5.7	良好

表 5 表明，配方优化好的 SX－C16 聚羧酸系高性能减水剂以及 AEA－701 混凝土高效引气剂的应用，配制而成的大体积混凝土拌合物和易性、坍落度、含气量等性能均能满足设计及施工要求。

4.2 混凝土力学性能及耐久性

混凝土的力学性能包括抗压强度、抗弯强度、抗拉强度、弹性模量、极限拉伸等，耐久性包括抗裂、抗冻、抗渗、抗碳化、抗硫酸盐侵蚀等，本文除了研究外加剂在施工过程中所起的作用，还对其力学性能及耐久性进行验证。掺 HLC－IX 聚羧酸系高性能减水剂以及 HLC－AE611 混凝土高效引气剂的 C30W4F100 混凝土、C35W4F100 混凝土的抗压强度、冻融循环、抗渗等级等性能见表 6。

表 6　C30W4F100 及 C35W4F100 混凝土力学及耐久性

混凝土设计等级	部位	抗压强度（28 d）/MPa	冻融循环（90d）/h	抗渗等级（28d）
C30W4F100	大体积混凝土	39.8	92.5	不透水
C35W4F100		44.4	96.0	不透水

表 6 表明，该配比混凝土的各项性能都能满足设计要求。在混凝土施工过程中，调整后的 SX－C16 聚羧酸系高性能减水剂充分发挥了其减水、保坍、保塑的特性，有效地提高了大体积混凝土在炎热天气中初凝快、坍落度损失大的问题，满足了施工要求。大体积混凝土施工后期，X－C16 聚羧酸系高性能减水剂及 AEA－701 混凝土高效引气剂充分发挥了其减水、引气、保水的特性，同样有效地改善了混凝土的和易性，减少了泌水，从而

减少了游离水及内部孔道。同时，引入适量均匀、稳定、封闭、互不连通的微小气泡，不仅填充了内部空隙及毛细管道，提高了混凝土密实度，而且减少了水化热产生的裂缝。因此，该方法有效地满足了枢纽工程对混凝土的性能要求。

4.3 工程应用状况

引江济淮工程凤凰颈泵站造及巢湖闸鱼道工程于 2022 年 10 月开工建设，共浇筑混凝土约 8 万 m^3，使用 SX－C16 聚羧酸系高性能减水剂约 600t，AEA－701 混凝土高效引气剂约 1.2t。在使用过程中，聚羧酸减水剂可以根据季节、气温、原材料变化等因素，及时作出相应调整，施工过程中按频次检测入仓混凝土含气量，保障了混凝土的顺利浇筑，配制而成的大体积混凝土各方面性能均能满足设计及施工要求。聚羧酸减水剂在凤凰颈水利工程建设中发挥了巨大作用，作为引江济淮西兆线渠首引江枢纽，凤凰颈泵站是一座集防洪、排涝、引江、灌溉等功能于一体的综合利用枢纽工程。原凤凰颈泵站作为安徽省“八百里皖江第一站，守卫安徽 30 载”，在安徽省内具有极其重要的历史意义及社会影响力。该项目作为引江济淮工程两个引江取水口之一，工程的重要性与社会影响力大，是引江济淮八大枢纽之一，建成后，将恢复其对巢湖流域 $240m^3/s$ 的排涝和 $2000m^3/s$ 的灌溉等多重效益，为半封闭状态的巢湖提供源头活水。

5 结语

SX－C16 聚羧酸系高性能减水剂具有高减水、高保坍、适应性好等特性，将其配置在水利工程大体积混凝土中，可以有效地改善混凝土的和易性，减少泌水，增加密实度，保证抗压强度，提高抗渗及抗冻等耐久性能。针对凤凰颈泵站改造工程大体积混凝土在高温天气中要求高、施工难度大的特点，不断调整优化聚羧酸减水剂配方，以及利用引气剂，可充分解决混凝土和易性差、坍损大等技术问题，充分满足工程对大体积混凝土的需求。SX－C16 聚羧酸系高性能减水剂及 AEA－701 混凝土高效引气剂在该工程中的成功应用，得到业主、监理及施工单位的一致好评。

浅谈超厚防辐射重晶石混凝土在工程中的应用研究

刘兴峰　李　广　朱艳辉

【摘　要】本文依托安庆市怀宁县人民医院妇儿分院及附属用房建设 EPC 项目，通过采用防放射线辐射的重晶石混凝施工技术，针对直线加速器机房施工结构体积大、墙板超厚、重晶石混凝土密度大和易离析的施工技术难点，在配合比、材料使用、浇筑控制、保温养护等方面进行控制，解决了结构墙体厚、水化反应放热量大以及重晶石混凝土密度大、泵送困难的问题，总结了在大体积重晶石混凝土现浇结构方面的施工经验。

【关键词】重晶石混凝土　配合比　保温养护

1　引言

目前，医疗领域采用直线加速器通过释放高能射线对治疗肿瘤疾病有比较良好的效果，但是，直线加速器辐射对附近人员身体健康可能造成伤害，相对于采用铅、锌、铁等密度较大的防护材料和普通混凝土结构加铅板的复合防护结构等而言，重晶石防辐射混凝土现浇结构具有造价相对低廉、防护性能可靠、施工方便等优点，在射线防护结构中应用日益广泛。本文针对防辐射、超厚、大尺寸的结构形式和重晶石混凝土密度大、易离析的特点，结合重晶石混凝土在直线加速器机房工程中的应用，对原材、拌和、运输和浇筑等施工过程进行了工艺和技术总结。项目实施中，强化对重晶石混凝土浇捣施工工艺的控制，以保证结构混凝土的密实度，结合有效的控温保湿措施，避免了混凝土温度裂缝、收缩裂缝的出现。

2　工程背景和工艺原理

安徽省安庆市怀宁县人民医院妇儿分院及附属用房建设 EPC 项目中，直线加速器机房设在地下室，建筑面积约为 163m^2，为筏板基础，墙体最厚处为 2.75m，顶板厚 2.05m，机房高度为 5.95m。设计安装一台大型高能医用直线加速器，由于防放射线辐射设计，采用 C35、容重为 32kN/m^3 的重晶石混凝土屏蔽射线。重晶石混凝土采取密度大及含结合水多的重晶石碎石与砂等粗细骨料，胶凝材料则为普通硅酸盐水泥，与一定比例的水、外加剂拌和形成防辐射混凝土。该混凝土表观密度大，可以有效预防防护 X 射线、γ 射线，因粗细骨料中有大量的结合水与氢元素，能有效预防防护中子流。利用重晶石混凝土特殊的防辐射性能，其与钢筋骨架共同形成混凝土结构以抵御射线辐射。

3 工程施工过程

3.1 施工工艺流程

施工工艺流程如图1所示。

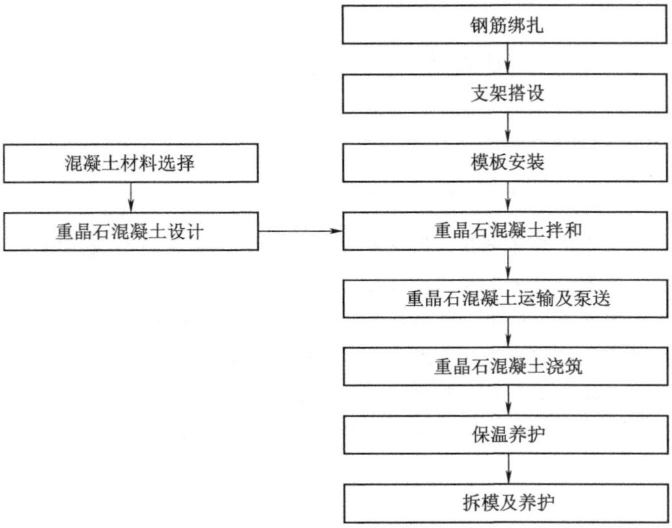

图1 施工工艺流程图

3.2 操作要点

由于机房顶板较厚、尺寸较大、重晶石混凝土密度较大，施工荷载往往超过15kN/m²，按照《危险性较大的分部分项工程安全管理规定》（住建部令第37号）和《住房城乡建设部关于实施〈危险性较大的分部分项工程安全管理规定〉有关问题的通知》（建办质〔2018〕31号）的规定，属于超过一定规模的危险性较大的分部分项工程，项目编制专项施工方案并组织专家进行论证，对相关人员进行安全技术交底。

3.2.1 钢筋绑扎

（1）首先检查钢筋原材表观质量，确保表面洁净，无油渍污染、无锈蚀，若不符合要求及时进行表面清洁；钢筋下料长度应综合考虑多种因素依据设计和规范要求、构件大小、钢筋直径、混凝土保护层厚度等因素确定，下料前做好计算，使钢筋长短搭配，尽可能减少浪费，节省钢材，保护环境。

（2）钢筋绑扎要在清除杂物后的模板内进行，仓面经过“三检”（自检、互检、专检）验收合格后方可开始钢筋的绑扎工作；钢筋绑扎时严格遵守施工图纸的设计要求，校核钢筋直径、间距、数量等，纵横向钢筋使用扎丝绑扎牢固，以防浇筑时松动，错位露筋。同时布设混凝土垫层垫块，以确保混凝土浇筑后保护层满足设计要求。

（3）重晶石墙体及顶板内的预埋件、预埋管线材质、位置、出墙尺寸等要严格控制，与钢筋一起绑扎牢固，局部增加加强筋，防止浇筑时移位；为防止浇筑成死角，将预埋件和预埋套管下部做成弧形，以利于混凝土浇筑到位。

3.2.2　支架搭设

（1）脚手架的搭设要严格遵守专项施工方案，要严格校核支架搭设纵横间距、钢管直径与壁厚，不合格不得使用在工程上。

（2）钢管立杆应竖立在坚实的地基上且立杆下端设置垫板和底托，立杆上端设置U形可调顶托，U形顶托应拧紧且螺杆部分伸出立杆顶端长度不得大于200mm，螺杆与立杆的间隙应小于3mm并保证与立杆上下在同一条直线上。

（3）纵横向扫地杆设置在立杆竖直向距地面20cm处，且在立杆的顶端设置U形可调顶托并按规范要求设置纵横向水平拉杆。

（4）搭设脚手架全部采用$\phi 48\times 3.5$规格及以上且质量符合要求的钢管，扫地杆、水平杆采用对接的方式连接，不应搭接，剪刀撑采用搭接的方式连接且搭接长度在500mm以上，立杆严禁搭接，应采用连墙件与主体结构牢固拉接。

（5）高度2m以上的支架应设置供施工人员上下的安全梯并且操作作业面应按照施工方案的要求设置安全防护设施。

（6）根据规范要求，模板支架应为独立系统，不得与施工升降机、物料升降机、塔吊等设备的钢结构架体连接，也不得与物料平台、脚手架等相连，以防发生坍塌事故。

3.2.3　模板安装

（1）重晶石混凝土容重在$32kN/m^3$及以上，容重较大且起到良好的防护作用，施工墙板较厚，防护墙最厚处为2.75m，顶板最厚处为2.05m。为保证模板及支架系统搭设完成之后有足够的稳定性、刚度和强度，模板支架搭设之前要进行受力计算分析以编制专项方案，架体受力分析主要有模板自重荷载、钢筋混凝土自重荷载，也包括施工活荷载、震动荷载、风荷载等。因而考虑周转方便宜采用优质较厚的竹胶板木摸，且使用对拉螺杆及燕尾卡扣加固。

（2）模板安装顺序为：先安装墙体内侧模板，再安装顶板模板，待各种预埋件、预埋管、预留孔洞等全部施工完毕后，再安装另一侧墙体模板，采用中间有止水片的穿墙对拉螺栓增加模板的稳定性，最后对模板进行加固。

3.2.4　重晶石混凝土拌和

（1）原材料要求。原材料主要要求如下：

1）水泥。为了减少水泥水化热对超厚防辐射重晶石混凝土构件结构可能产生的不利影响，在保证混凝土质量的前提下优先选用水化热低、抗裂性能好的水泥，且尽可能地减少水泥用量。该工程胶凝材料以巢湖海螺水泥有限责任公司生产的P·O 42.5普通硅酸盐水泥为主。

2）骨料。粗骨料应选择满足含泥量小、密度大、级配良好、颗粒完整、粒径5～31.5mm等指标参数的重晶石石子；其表观密度要求在$4300kg/m^3$以上，且硫酸钡（$BaSO_4$）含量不低于90%，内含石膏及硫酸化合物不超过7%。碎石含泥量不大于1%，砂采用钡砂且严控含泥量。

3）粉煤灰和矿粉。为防止重晶石骨料在拌和过程中下沉离析，改善混凝土的工作性，在拌和混凝土的过程中采用了矿粉与粉煤灰复掺工艺，以增强混凝土的密实性，这样同时降低了混凝土的水泥用量并起到降低水化热的效果。

4）外加剂。重晶石混凝土拌和时掺加高效减水剂，从而提高混凝土的抗离析能力；同时，在混凝土内添加钢纤维等抗裂纤维，以提高混凝土的抗裂能力。

（2）重晶石混凝土配合比设计。重晶石混凝土配合比应以满足混凝土的防辐射性能所需的密度为主要指标，经具有相应资质的实验室进行配合比设计并出具配合比报告及验证报告。重晶石混凝土配合比见表1。

表1　　重晶石混凝土配合比

项　　目	水	水泥	粉煤灰	矿粉	砂	重晶石	减水剂
每立方米材料用量/kg	180	320	40	79	1189	1513	10.097
配合比	0.41	0.73	0.09	0.18	2.71	3.45	0.023

（3）重晶石混凝土拌和。在进行重晶石混凝土拌和时，先依次向搅拌料斗中加入砂、水泥、粉煤灰、外加剂和水进行搅拌，然后加入重晶石充分均匀搅拌，搅拌时间以30～40s为宜。在制备过程中要严格遵循投料先后顺序、单盘式浮顶罐搅拌量、搅拌用时、坍落度指标，并按规范要求预留混凝土试块。

3.2.5　重晶石混凝土运输与泵送

重晶石混凝土采取专用车辆运输供应，装料时罐体高速旋转，运输途中装载运输量控制在运输罐荷载量的60%～65%，并以低速搅拌，防止商品混凝土离析，使运输供应满足现场连续施工要求。现场采取大功率混凝土泵车输送重晶石混凝土，重晶石混凝土出厂坍落度应控制在14～16cm；入泵前再次对混凝土的坍落度进行检测，坍落度宜控制在12～14cm，符合要求方可入泵进行浇筑。

3.2.6　重晶石混凝土浇筑

（1）重晶石混凝土应分段浇筑施工，遵循由下至上先底板再墙体和顶板的顺序。除基础板和墙之间可留水平施工缝（施工缝加设止水钢板）外，其以上结构均不宜留设任何施工缝，底板、顶板厚度不大于800mm时，采用斜面分层的浇捣方法进行浇捣，即“一次浇捣、一个坡度、薄层覆盖、循环推进一次平仓”，浇捣时遵循“短边开始，沿长边推进”的原则。墙体按每次浇筑高度不大于1.4m，分次浇筑到顶，每次浇捣高度范围内又分若干层进行，每层浇捣分层厚度不宜超过500mm，每次、每层浇捣过程保持连续作业，不留冷缝。为防止出现重晶石骨料下沉、浆液上浮的问题，在完成竖向墙体混凝土浇筑后应间隔1～1.5h，水平顶板的重晶石混凝土在墙体混凝土初步沉实后再浇筑。

（2）对入仓混凝土采用普通插入式振捣棒进行振捣作业，振捣时应遵循插入布点排列均匀、快插慢拔的要求，且不得漏振与过振。为保证振捣密实到位，采取整体平面分段、分层、循序渐进、连续浇筑混凝土的方法。

3.2.7　保温养护

重晶石混凝土浇筑完成后专人及时跟进进行保温保湿养护，顶板混凝土采用塑料薄膜覆盖保湿并在其上加盖毛毡保温且带模养护时间不少于14d。

3.2.8　拆模及养护

拆除重晶石混凝土模板，拆除支撑体系与承重模板要满足设计相关要求，拆除侧向模板时应确保混凝土内外水化热温差小于20℃且模板内外温差小于10℃。模板拆除后应及时对发现的质量缺陷采取处理措施并保湿养护，水平构件可喷水养护，竖向构件可包裹保水及涂刷养护液，累计养护时间不少于28d。

4 实施效果

在直线加速器机房重晶石防辐射混凝土结构施工过程中，针对其结构体积大、墙板厚、重晶石混凝土密度大和易离析的施工技术难点，通过对配合比、原材料、生产、运输、浇筑、施工质量和养护等各环节的施工过程进行控制，解决了结构墙体厚、水化反应放热量大以及重晶石混凝土容重大、泵送困难的问题。养护期结束拆除模板后经仔细检查，墙体、顶板混凝土表面并无裂缝产生，取得了预期的良好效果。相关部门检测结果显示，重晶石混凝土结构有效地屏蔽了直线加速器发出的放射线辐射并达到了国家标准。

5 结语

重晶石混凝土是以重晶石（主要成分是硫酸钡）为骨料配置的一种特殊混凝土，具有吸收γ射线、X射线达到防辐射的功能，相对于采用铅、锌、铁等密度较大的防护材料和普通混凝土结构加铅板的复合防护结构等而言，重晶石混凝土现浇结构具有造价相对低廉、防护性能可靠、施工方便等优点，在射线防护如核反应堆、核研究所、医院放射科等领域的应用日益广泛。另外重晶石混凝土有高密度、高强度、耐腐蚀性强的物理和化学性质，在钻井平台、船坞、海洋工程等耐腐蚀和维护性要求极高的特殊工程方面也有着广泛的应用，其施工工艺和方法可为更多的项目应用提供经验借鉴。

参 考 文 献

[1] 张帆. 防辐射厚大重晶石现浇混凝土结构施工工法 [J]. 中国科技纵横，2009 (12)：329-330.

[2] 李雪，任红安. 浅析重晶石防辐射混凝土的施工要点 [J]. 城市建设理论研究（电子版），2011 (16).

[3] 李永红，陈剑波. 重晶石混凝土施工技术在医疗建筑中的应用 [J]. 安徽建筑，2014，21 (2)：41，44.

生态清淤及资源再利用的技术创新与探析

黄科宇　李　敬　黄小恒

【摘　要】 由于长期受工业废水及生活污水污染，巢湖水系局部河湖底泥污染突出，面源污染严重，氮、磷等元素超标，水体富营养化严重，水华多发。为根除巢湖水系污染的严重问题，当地高标准实施了一系列生态清淤与环境综合治理工程，成效显著。本文依托项目实例对河湖生态清淤及资源再利用的技术创新与应用进行分析探讨。

【关键词】 生态清淤　资源再利用　生态修复　综合治理

1　引言

巢湖是我国五大淡水湖之一，也是全国水污染重点防治“三河三湖”之一。为深入贯彻“碧水安澜、生态修复、绿色发展、富民共享”的绿色生态可持续发展理念，安徽省高标准实施了巢湖生态清淤试点工程，积极进行技术创新与应用，使污染的底泥变废为宝，将淤泥与尾水进行合理化、资源化、无害化和经济化处理，且避免造成二次污染，顺利解决了相关难题，提高了工程质量及工效，符合安全环保、绿色施工理念。试点工程为巢湖生态清淤、水环境综合治理等提供了科研试验数据、技术支撑及项目实施经验，为后续大规模开展巢湖全域及周边水系生态环境综合治理提供科学依据，也可为类似工程提供借鉴。

2　工程概况

2.1　工程简介

巢湖生态清淤试点工程位于肥东县长临河镇（南淝河入巢湖口左侧近岸湖区），总清淤区面积为 5.52km^2，清淤深度为 20～50cm，淤泥脱水固结总量为 158.8 万 m^3。工程实施内容涉及底泥生态清淤、淤泥脱水固化、干泥资源再利用、尾水净化回收再利用、湿地构建生态修复、矿山生态修复等。

2.2　技术背景

淤泥脱水固结与尾水净化达标排放是该工程关键工序，其施工质量和效率将直接影响到试点工程的履约目标。由于面临巢湖底泥垃圾含量高、细微粒径占比大、固结干泥含水率控制难度大、尾水净化指标高、工效提高难度大、水保环保要求高等诸多挑战，为确保工程质量、提高施工效能，该工程确立了科研课题，进行快速脱水固结关键技术研究攻关、装备改良与应用，取得了良好的效果。试点工程积累的科研数据将作为后续大规模开展巢湖湖区及环巢湖流域水系生态环境治理的参考依据，工程成功实施意义重大。

3 技术创新与应用

3.1 技术原理

试点清淤工程主要包含生态清淤、淤泥脱水固化、尾水净化处理、资源再利用、生态修复治理五个主要阶段。技术原理为：采用环保绞吸式挖泥船对巢湖底泥进行生态清淤绞吸输送，期间添加环保型脱水助剂，经由陆上压滤法进行淤泥脱水固化及水上土工管袋吹填淤泥脱水固化，尾水净化处理后予以回收再资源化利用，固结干泥资源化再利用于矿山生态修复和湖滨湿地带构建及水环境生态修复治理。

3.2 施工方法与工艺流程

该工程配置1艘 $200m^3/h$ 环保绞吸式挖泥船、2艘 $350m^3/h$ 环保绞吸式挖泥船进行底泥生态清淤疏浚，通过浮管、潜管和岸管输送至陆上泥浆沉淀池内，再分别输送至陆上排泥场及水上排泥场进行脱水固化（固结）处理。

陆上排泥场的底泥经浓缩罐加药、絮凝后，采用压滤机进行脱水固化处理，共处理底泥128.8万 m^3，固结干泥（含水率小于55%）外运至巢湖市郭家山矿坑用于矿山生态修复；水上排泥场的底泥采用土工管袋进行脱水固化处理，共处理底泥30万 m^3，固结干泥（含水率小于50%）原位利用于湖滨湿地带构建及生态修复；陆上排泥场设有多级沉淀池（清水池）、尾水净化池等，尾水（余水）经梯级加药沉淀、净化处理，净化达标后的尾水经湿地泵站排至南淝河和巢湖回收再利用。尾水排放标准满足《污水综合排放标准》（GB 8978—1996）中的一级排放标准，即（固体悬浮物浓度SS）小于70mg/L、化学需氧量（COD）小于100mg/L、氨氮小于15mg/L。巢湖生态清淤试点工程施工工艺流程如图1所示。

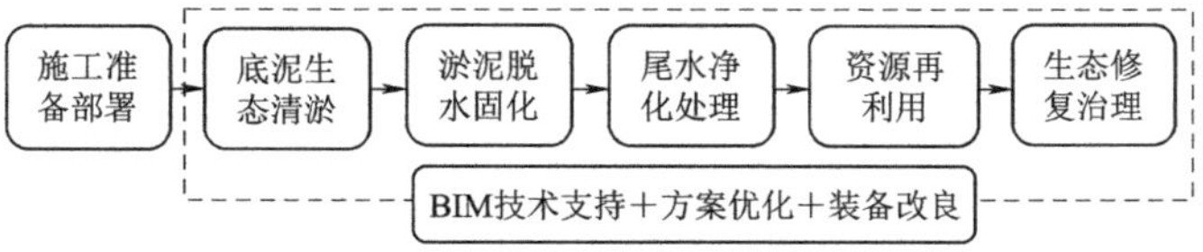

图1 巢湖生态消淤试点工程施工工艺流程

3.3 关键技术创新

3.3.1 采用生态清淤工艺及环保装置

采用环保绞吸式挖泥船，配备有环保装置，包括防扩散保护罩、环保绞刀头和油水分离器等，配备全球定位系统、测深仪和污染检测装置，配合无人测量船、无人机等挖槽断面监测装置；清淤轨迹显示装置能够保证清淤开挖精度、浓度，施工作业时对水体扰动小，将清淤区水体悬浮物扩散距离控制在50m以内，疏浚开挖深度误差控制在－5～0cm（不欠挖），保证疏浚底泥浓度不小于10%，避免疏浚导致的二次污染扩散对河湖水体产生污染，注重生态环境保护，规避生态风险；优化底泥垃圾筛分方案，研制使用“一种淤泥筛分过滤分流装置”并获得了实用新型专利，解决了淤泥筛分过滤分流问题，加快了巢湖清淤底泥内多种大粒径垃圾筛分、过滤的施工速度，提高了效率，提升了泥水与杂质分离效果，减少了垃圾对挖泥船排泥管、陆上压滤厂生产线泵组和压滤设备的堵塞，提高了底泥疏浚输送速度，保证了安全作业，绿色环保，产生了良好的经济效益。

3.3.2 采用快速脱水固结关键技术

研发了“河湖底泥压滤机快速脱水固结一体化施工工法”，采用快速脱水固结关键技术，即通过环保绞吸输送底泥、底泥垃圾筛分、底泥浓缩调理、淤泥压滤脱水固化（固结）、尾水净化、干泥外运及生态修复等工序，快速实现了泥水有效分离、淤泥脱水固化、尾水净化达标、干泥外运及资源再利用于生态修复的一体化环保技术目标；施工过程中选用环境友好型聚丙烯酰胺（PAM）和聚合氯化铝（PAC）系列药剂，通过加药调节系统输送，快速促使泥水分离，快速絮凝脱水，固结效果优良，不污染环境，并具有锁固干泥中的重金属元素，且干泥浸水后不二次泥化，不造成二次污染的优点；施工过程占地少、信息化程度高，提高了施工质量及工效，不产生二次污染，符合安全环保、绿色施工理念；陆上排泥场压滤车间固结干泥经皮带机输送至南淝河口临时码头，最后经水运、陆运送至矿山，资源化利用于矿坑修复、填坑护坡，并栽种绿植改善水土流失，修复生态环境，形成了污泥快速压滤脱水固结施工参数和质量控制依据，产生了良好的经济效益、环境效益和社会效益。

3.3.3 优化压滤工艺及设备

原设计采用的“环保清淤+带式压滤机”脱水固结工艺适用于16μm以上粒径淤泥工况，此时产量较高、含水率达标，但当底泥脱水粒径在16μm以下时，压滤过程中细微颗粒泥浆会穿透带式压滤机滤布，从而造成淤泥的含水率不稳定、产能下降等问题，进而出现压滤干泥含水率无法达到设计指标、干泥产量不能满足进度工期要求、滤出尾水含泥量过高等情况。针对以上难题，通过方案优化、设备调配、现场工前试验研究与验证，新增“环保清淤+陆上板框式压滤机”脱水固化施工工艺，增设6套板框式压滤机组设备，专用于压滤处理16μm以下粒径的细微颗粒底泥，研发的“一种板框压滤机下泥饼输送履带的保护装置”获得了实用新型专利，确保含水率达标，提高了干泥产量和质量，改善了压滤尾水水质，达到了设计指标，实现了安全环保、降本增效的目的。

3.3.4 优化干泥输送工艺及装置

优化干泥输送工艺，为皮带运输机改良辅助设施，即研制采用“一种固结干泥破碎转运装置”和“一种固结干泥分拨转运装置”并获得实用新型专利，解决固结干泥泥饼临时堆放场内狭小空间安全倒运难题；降低泥饼的含水量，减小泥块对皮带运输机的冲击力，缓解皮带与轴承间传输的摩擦力；减少泥块黏接对皮带的阻塞，减小皮带集中承载，提高皮带运输速度，防止皮带运输设备受损，实现高效、安全运输；加快受限狭小空间干泥破碎、分拨倒运的施工速度和效率，缩短工期，提高施工效果；减少征地，避免额外购置设备，保证交叉作业安全，提高效率，产生了良好的经济效益。

3.3.5 采用管袋快速吹填固结构建湖滨湿地关键技术

研发了“淤泥固化土工管袋施工工法”和“基于河湖淤泥固化塑建生态湿地施工工法”，采用管袋快速吹填固结构建湖滨湿地关键技术，即优选高韧土工管袋材料，将疏浚的底泥吹填至土工管袋内，期间按需添加脱水助剂，经管袋滤水、淤泥固化（固结）后，再次充填淤泥，重复脱水固化工序，直至达到设计高程；优化土工管袋吹填滤水固结工艺及管袋布置方式，解决管袋吹填固结施工含水率波动大的难题及湖滨湿地塑形场地构造冲突问题，实现了固结干泥原位构建湖滨湿地，种植水生植物，投放水生动物，完成生态修复，构建湖滨生态湿地的目标，产生了经济技术创新成果，效益显著。

3.3.6 采用泥水梯级分离与净化回收技术

采用“一种湖滨湿地区域的泥水梯级分离及净化回收利用方法”专利技术，研发使用“一种余水加药絮凝沉淀与过滤净化澄清系统”并获得实用新型专利，即疏浚的底泥输送至陆上排泥场完成垃圾筛分后，再流经多级沉淀池、清水池及净化池，期间多次添加环保药剂，通过分级沉淀、梯级加药调理、多次絮凝分离、多级净化澄清、达标排放的工艺方法，快速实现淤泥絮凝沉淀、泥水分离、尾水净化及达标排放的目标，且陆上围堰与湿地环境互相隔离，避免对湿地生态系统造成二次污染；尾水达标排放至南淝河后，资源化回收再利用于巢湖湖区补水、湖滨湿地补水、农田灌溉、园林绿化灌溉及水产养殖用水等，连通环巢湖水系，该技术极大改善了巢湖及其周边河流、湿地水系的水质，实现河湖及湿地水系生态修复。

4 应用实例及成效分析

4.1 应用于巢湖生态清淤试点工程

该技术工艺成功应用于巢湖生态清淤试点工程。该试点工程位于安徽省合肥市，项目清淤范围为5.52km^2，总清淤底泥量为158.8万m^3，其中128.8万m^{3}淤泥采用压滤机进行固化脱水，30万m^{3}淤泥采用土工管袋吹填滤水固化技术。相关设备及技术于2021年8月开始调试，2021年10月达产，2023年7月20日工程完工验收。尾水快速净化处理后，回收排入南淝河和巢湖，用于水产养殖和灌溉用水等；陆上固结干泥外运至矿山用于矿坑回填生态修复；水上土工管袋固结干泥原位用于构造湖滨湿地带，养殖水生动物和种植水生植物。经过生态清淤后，巢湖底泥内源性总氮、总磷得到有效削减，大幅度降低了蓝藻水华发生的频率，蓝藻问题得到有效解决，水质及周边生态环境得到持续改善，为后续巢湖全域生态清淤治淤、环境综合治理和绿色发展提供了技术数据支撑和案例参考，产生了良好的经济效益、生态效益和社会效益。

4.2 应用于马槽河生态清洁小流域建设集镇污水收集处理工程

该技术工艺成功应用于安徽省庐江县巢湖生态文明先行示范区马槽河生态清洁小流域建设集镇污水收集处理工程。该工程位于安徽省庐江县汤池镇，污水处理规模为8000m^3/d。该工程采用高密沉淀污水处理、带式压滤机脱水固结及尾水多级净化处理工艺，于2020年8月20日开工，2021年11月15日竣工运营。利用该工艺对马槽河污水处理厂污泥进行生态处理，既可降低工程成本和投资，又能减少污水处理厂运营成本，有效稳定地解决污水过滤净化问题，能稳定可靠地达到设计规定的出水标准。固结干泥资源再利用于绿化种植等领域，净化达标的尾水回收利用于农耕及绿化灌溉、养殖及道路环保养护用水等，创造了良好的经济效益、环保效应和社会效益，为环巢湖生态文明建设和旅游名城汤池镇的环境治理、绿色发展、美丽城镇及乡村振兴作出了较大贡献，在城镇及乡村污水处理工程中具有广阔的应用前景。

4.3 应用于肥东县沙河生态清洁小流域建设工程-沿河清源生态修复工程

该技术工艺成功应用于肥东县沙河生态清洁小流域建设工程-沿河清源生态修复工程施工2标段。该工程位于安徽省合肥市，工程主要内容包括湖库底泥洗脱、水生态修复、多塘湿地、生态河道及智慧流域在线监测系统建设等。该工程于2023年5月10日开工，2024年6月15日完工。利用该工艺共完成生态塘建设9处，总面积为11.25hm^2；完成“新型潜流湿地+生态稳定塘”组合生态净化系统示范工程139.5亩，构建农田退水湿地10.12hm^2；构建多塘湿地系统工程3.18hm^2；湖库水生态修复工程淤泥洗脱10.8万m^2，构建水生态系统3.3hm^2；沿河构建河道生态斑块4处，面积为4.2hm^2；生态河道建设工程中构建生态岸线15.84km，构建河道生态系统19.12hm^2。固结干泥资源再利用于绿化种植等领域，净化达标的尾水回收利用于水生态修复，水质及周边生态环境得到极大改善，经济效益、生态效益和社会效益显著。

5 结语

生态清淤及资源再利用的技术工艺已成功应用于多个项目，具备技术先进、工艺成熟、安全环保、绿色节能等优点，为推进巢湖及周边水环境综合治理、深化农业面源污染管控、推进内源污染治理、加强蓝藻应急防控、构建环巢湖生态屏障、推进湿地生态系统建设、促进环巢湖矿山矿坑生态修复、加强湖库水生态系统保护、优化流域空间格局等重点任务作出了突出贡献，其环境效益、经济效益和社会效益显著，极具推广应用价值，可作为同类型工程施工的参考案例。

参 考 文 献

[1] 唐雨卉，程润喜，徐杨. 河湖生态清淤及淤泥固化一体化技术应用研究［J］. 广西水利水电，2023（5）：58-62.

[2] 余蔼，农晋琦. 污泥调质脱水减量技术与土地改良资源化利用的研究［J］. 供水技术，2023，17（1）：15-19.

[3] 李广，陈龙，刘兴峰. 浅谈河湖生态淤泥固结技术与资源再利用［J］. 绿色环保建材，2021（11）：22-23.

中篇

技术应用篇

大型水利泵站项目水泵安装质量控制技术研究应用

刘义光　安永帅　李　敬

【摘　要】本文针对水利泵站项目水泵安装施工中存在各种安装精度不满足水利泵站质量要求的问题，开展施工质量控制技术研究。通过分析水泵安装过程中经常出现的主要质量问题，提出提高安装质量技术的有关措施建议，并进一步优化水泵设备安装流程，有效促进施工质量的提升，确保泵站安全平稳运行。

【关键词】水泵　安装　控制　质量　施工

1　引言

水泵机组在设备制造、运输、储存、安装各环节中存在很多影响质量的因素，涉及出厂验收、进场检验、安装流程等，任何一个小的疏忽皆有可能产生大的偏差，进而对整体安装质量造成严重影响。本文就影响水泵机组安装质量的主要因素进行分析，并提出相应的对策措施，确保安装质量。

2　水泵安装主要质量问题

2.1　水泵出厂验收不规范

水泵出厂前未严格按照验收方案进行相关试验、检测及测试，生产制造导致的质量缺陷无法及时发现并消除，会对后续设备安装造成严重影响，甚至导致安全事故。

2.2　水泵进场验收不规范

大型水泵体积、重量都相对较大，主、辅机系统复杂，往往在工厂加工后采用分体运输的方法进场。水泵进场后未严格按规定进行开箱检查，导致水泵在生产、包装、运输及现场存放过程中造成的质量问题不能及时发现。

2.3　混凝土基础质量不合格

混凝土基础未及时进行交接验收，造成基础尺寸、强度、标高、预留螺栓孔（预埋螺栓）坐标无法满足水泵安装要求。

2.4　水泵安装就位不准确

水泵安装前未对安装位置进行复核，水泵安装错位导致相关附属设备及进出水管路无法准确对接。

2.5 作业前未进行技术交底

施工作业前未及时组织技术交底，作业人员对安装方案、重难点和关键技术要点不了解，仅凭经验开展安装作业。

3 提高安装质量的技术措施

3.1 做好水泵出厂验收

（1）核对验证。严格核对水泵的型号、数量、供应商、供货范围等；水泵主机、附机系统、控制系统和备品备件的数量、种类等应满足采购合同和技术文件要求；查阅原材料进厂检验、水泵及主要部件相关试验等过程资料，要求符合水泵生产厂家过程质量控制要求；产品合格证、使用手册等随机资料须查验并满足合同要求。

（2）外观检查。主要检查以下方面：①主泵及辅机系统的完整性；②观感质量；③随机工具及专用工具；④装箱单、吊点标识及相关注意事项标识。这些方面须满足采购合同和技术文件要求。

3.2 严格规范水泵进场验收

（1）外观检查。水泵进场验收应由业主、设计院、监理、施工单位、供应商相关人员参加，对泵体及相关附属设备进行外观检查，确定泵体、叶轮、衬套、轴承、密封件、电机等部件的外观是否完整，表面油漆是否完整，确保无破损、划伤、变形、腐蚀等质量问题。

（2）尺寸验收。使用准用的测量工具对叶轮直径、厚度、轴径等关键部件的尺寸进行验收，确保相关尺寸符号技术规范和设计图纸要求。

3.3 做好设备基础验收

（1）基础混凝土强度验收。土建单位应提供混凝土基础强度自检合格证明资料，主要对混凝土进场检验、养护记录、强度检测等进行验收，如果对基础强度存疑，可现场进行强度预压试验。

（2）基础位置和尺寸验收。主要检查基础的坐标、标高、外形尺寸、水平度、垂直度，以及预埋地脚螺栓（螺栓孔）的标高、中心距、中心线、深度等，其须符合设计图纸和技术文件要求。

3.4 复核水泵安装位置

水泵就位前，应按工艺布置图和泵房轴线、边缘线、标高线，划定水泵安装的基准线和基准点。

3.5 做好技术交底

安装工程开始施工前，安装方案的编制人员应向安装作业人员做方案交底，主要讲解安装程序和顺序、安装工艺、操作方法、要领、质量控制要点和安装措施等，确保被交底人完全领会安装方案，并做好交底记录。

4 水泵安装程序

4.1 施工准备

(1) 施工场地要求。临时便道平整，路基承载力满足要求。施工现场清理干净，具备设备存放条件。临时施工用电满足施工需求。

(2) 水泵安装前具备条件。①泵房内的桥式起重机已具备使用条件；②已进行技术交底；③安装所用的材料和设备用油符合规范和设计要求；④工器具、专用工具齐全；⑤安全技术保障措施落实到位；⑥泵站土建满足安装要求。

(3) 水泵安装技术要求。①作业人员已培训；②重要部件的尺寸已复核，检查结果应符合施工图及规范要求；③辅机设备齐全且检验合格；④混凝土与埋设件的结合密实、无空隙；⑤结合缝间隙用 0.05mm 塞尺检查不能通过，错牙不应超过 0.1mm；⑥组合面的水平度和垂直度达到要求。

4.2 主机泵安装方案

(1) 水泵机组安装流程。水泵机组安装流程如图 1 所示。

(2) 主机泵预装和重要尺寸的测量。①叶轮组装及试验：叶轮与叶轮体分开到货时，现场需先对叶轮进行组装检查，叶轮体如需现场组装时，则按设备技术文件的要求进行；②安装尺寸的测量：组装过程中，注意测量出水泵轴长。

(3) 主机泵基础件安装。主机泵基础件安装主要包括以下两个方面内容：

1) 水泵叶轮室底座安装。①中心线定位：在指定高程（水泵基础层）上放出水泵纵向、横向的中心线；②高程控制：在水泵层埋设一个水准点，作为整个机组安装的高程控制点；③找准垫铁位置：垫铁焊接位置以每个基础孔地面中心线为基准，分别向两侧平移 1.25m，在垫铁位置用砂浆抹平并垫上垫铁；④基础环安装：用水准仪测量基础环高程，用框式水平仪控制其水平度，调好后将基础环垫铁点焊临时加固，安装误差应符合要求；⑤混凝土灌注：地脚螺栓孔内灌浆要捣实，灌浆的混凝土应比基础标号高一级。

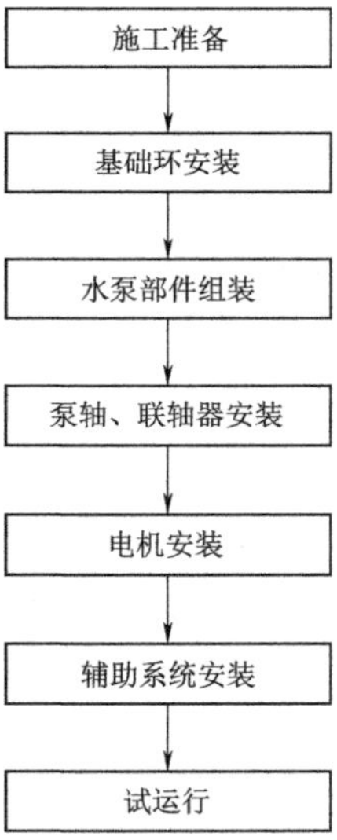

图 1 水泵机组安装流程图

2) 水导轴承支架座、推力轴承支架座、电机底座（下机架）安装于叶轮室底座（基础环），安装完成后分别对水导轴承支架座、推力轴承支架座、电机底座进行基础安装，安装后全面记录安装数据。

(4) 主机泵的正式安装。主机泵的正式安装主要包括以下 6 个方面内容：

1) 叶轮检查与吊装。①清理、检测泵轴与叶轮连接的法兰面，确定其是否符合安装要求；②检查泵轴连接螺栓的外径螺栓孔内径，复核螺栓与螺栓孔的标记是否相符；③检查确认合格后，采用经厂家确认过的专用吊装系统进行吊装。

2) 导叶体吊装。①利用已经过验收的桥式起重机吊装导叶体，经初步调平后将导叶体吊装就位；②按设计力矩拧紧连接螺栓；③将轴承部件按顺序吊入导叶体内，然后进行出水弯管和水泵上盖吊装。

3）水泵轴吊装。①在进行叶轮操作油管安装前，先确认油管洁净度；②先将主轴竖立，确认法兰表面无损伤后将主轴吊入机坑进行安装。

4）下机架安装。①在将下机架吊入机坑前，先拆除挡油槽，然后扶正机架慢慢找正后落在基础板上，打入定位销钉，拧紧螺母；②用水准仪和框式水平仪测量轴承座高程、水平，确定符合要求后，将基础螺母按设计力矩打紧锁定。

5）转子吊装。利用专用工具进行转子的吊装工作，转子吊起后，对转子下部进行全面检查，确认合格后将其吊入机坑。

6）其他设备安装。转子吊装后依次进行上机架与推力轴承安装，联轴与盘车、叶轮室安装、导轴承和主轴密封装置安装调整。

（5）电机安装。机组下机架现地安装到位后，就可对电机及其电气设备进行安装并进行电气联接。依次吊入电机定子、转子、上机架、励磁机并安装，安装固定过程中检查间隙情况，并适当进行调整，安装固定结束后，进行电气连接并确保接线正确。一切安装完成以后，要进行防尘、防潮处理。

4.3 主机泵附属设备系统安装

（1）附属设备。主要附属设备有真空破坏阀，技术供水成套设备，检修排水泵，渗漏排水泵，空气压缩机成套设备，压力滤油机、真空滤油机、移动油泵，套机组通风风机，及水力监测系统等系统设备和管路。

（2）施工准备。施工前先进行工作面验收，主要对施工面范围、作业状况和相关预留、预埋情况进行现场验收。

（3）辅助设备安装。辅机设备安装要求如下：①严格按照规程规范和设计要求进行施工；②坐标位置正确，水平度、垂直度符合要求；③离心泵相对于安装基准线的平面位置允许偏差不得超过±20mm，标高允许偏差不得超过±1mm，垂直度及水平度偏差符合设备技术文件的规定；④其他静止设备的坐标允许偏差为15mm，标高允许偏差为±5mm，垂直度允许偏差为5mm/m。

（4）系统管路安装。系统管路安装严格按照规程规范和设计要求进行，管道切口必须保证尺寸正确和表面平整，管道焊接满足技术要求。

4.4 机组启动试运行

（1）水泵试运行前应具备下列条件：①泵站土建工程已基本完成，水工建筑物已通过验收；②主机泵及附属设备已安装完毕，并已进行检查、调试和分项试运行且合格；③所有电气设备通过检查；④现场安全防护措施已落实到位；⑤泵站工作闸、检修闸及紧急断流设施已安装完成并能正常使用，水位可满足泵组运行的需要；⑥水泵试运行方案已获得批准，各项准备工作就绪，具备试运行条件。

（2）试运行。试运行分单机启动试运行和全站机组联合试运行，前者检查单台机组的安装情况和安装质量，后者检查设备效率、设计能力等是否达到设计要求。

1）单台机组试运行。单台机组试运行分空载试运行和负载试运行。负载试运行分30%负载、60%负载和100%负载三种，每种运行方式不少于1h，并详细记录机组的负载、振动、温度等数据。

2）全站机组联合试运行。全站4台机组联合试运行时间不少于6h，且机组无故障停机次数不少于3次，每次无故障停机时间不宜超过1h。全站机组联合试运行测试项目包括水位和扬程、流量、功率、转速、振动、噪声等。

5 结语

本文针对水利泵站机电设备安装施工质量控制技术进行深入探讨，通过实证分析发现，这些控制措施在提高水利泵站的安装质量和安全性方面具有一定的作用，可以为提高同类型项目水利泵站安装质量和效率提供有益的参考。

参 考 文 献

[1] 郝人艺，丁瑞，戴萱．水利泵站机电设备安装施工质量控制技术［J］．工程机械与维修，2024（2）：77－79．

[2] 刘钦冬．新型叶片调节机构在南水北调台儿庄泵站的应用［J］．科技创新与应用，2024，14（21）：168－172．

[3] 方春．中小型立式轴流泵检修中问题的处理［J］．安徽水利水电职业技术学院学报，2015，15（3）：29－31．

多种改良装置在巢湖生态清淤试点工程中的应用

李　敬　郭永波　陈　潜

【摘　要】 本文依托的巢湖生态清淤试点工程主要针对底泥垃圾含量高、细微粒径占比大、工效提高难度大、固结干泥含水率控制难度大、尾水净化指标高、水保环保要求高等挑战，施工中积极进行技术革新，开展装备改良与应用，顺利解决了相关难题，提高了施工质量及工效，符合安全环保、绿色施工理念，可为类似工程提供借鉴。

【关键词】 生态清淤　装备改良

1　引言

巢湖生态清淤试点工程总清淤区面积为 5.52km^2，淤泥脱水固结是该工程关键工序，脱水固结总量为 158.8 万 m^3，脱水固结的施工质量和效率将直接影响到工程质量和整体施工进度。针对底泥杂质多、粒径复杂，脱水固结淤泥量大，施工场地情况复杂，脱水固结及尾水净化技术标准要求高等挑战，开展快速脱水固结关键技术研究攻关，并进行装备改良，研制“一种淤泥筛分过滤分流装置”并获实用新型专利，解决污染底泥夹杂垃圾与泥水筛分难题；研制“一种固结干泥破碎转运装置”并获实用新型专利，同时研制固结干泥分拨转运装置及“一种板框压滤机下泥饼输送履带的保护装置”并获实用新型专利，高效快捷地解决压滤固化干泥的破碎、分拨、转运及传输等难题；研制“一种余水加药絮凝沉淀与过滤净化澄清系统”并获实用新型专利，快速高效地解决水质净化澄清、达标排放及回收利用等问题。多种改良装置在巢湖生态清淤工程中的成功应用，提高了施工质量及工效，达到了“四节一环保”（节能、节地、节水、节材和环境保护）的目标，取得了良好的效果。

2　装备改良及应用效果

2.1　淤泥筛分过滤分流装置

2.1.1　装备改良的目的及特征

由于多年来受工业废渣和废水、建筑垃圾、生活垃圾及污水污染，湖岸沿线水土流失、崩塌带入大量泥沙沉积，沿湖矿山石料流失、砂石运输船上的石料散落入湖较多，湖底天然贝类、蚌类的壳体物较多，因此巢湖底泥中夹杂较多的工业废渣、矿渣、塑料瓶、生活垃圾、鹅卵石、大粒径碎石、贝壳、蚌壳等，环保绞吸式挖泥船抽排时无法有效将之滤除和分离，抽排上岸的底泥中仍存留较多垃圾，容易淤塞陆上泥浆沉淀池，堵塞陆上压滤厂生产线的泥浆泵组、浓缩罐、带式压滤机设备等，造成生产线管道、罐体、压滤设备故障或受损，导致水上排泥场的土工管袋输送管道堵塞，严重影响后续淤泥脱水固结施工，造成经济损失。

为了解决淤泥筛分过滤分流问题，加快巢湖清淤底泥内多种大粒径垃圾筛分、过滤的施工速度和效率，缩短工期，提高效果，减少湿地征地，减少垃圾对挖泥船排泥管、陆上压滤厂生产线泵组和压滤设备的堵塞，提高底泥疏浚输送速度，防止挖泥船、泥浆泵组、浓缩罐及压滤设备受损，保证水上作业、交叉作业安全，研制了“一种淤泥筛分过滤分流装置”，即在环保绞吸式挖泥船排泥管接入陆上泥浆沉淀池的位置，设置自动筛分过滤系统，实现泥水与垃圾自动分离。该装置主要由挖泥船排泥管、进料口、过滤网、滚筒分流仓、垃圾分流出料口、过滤泥浆出口及排泥管、控制柜、电机、操作平台及检修爬梯等组成。淤泥筛分过滤分流装置示意如图1所示。

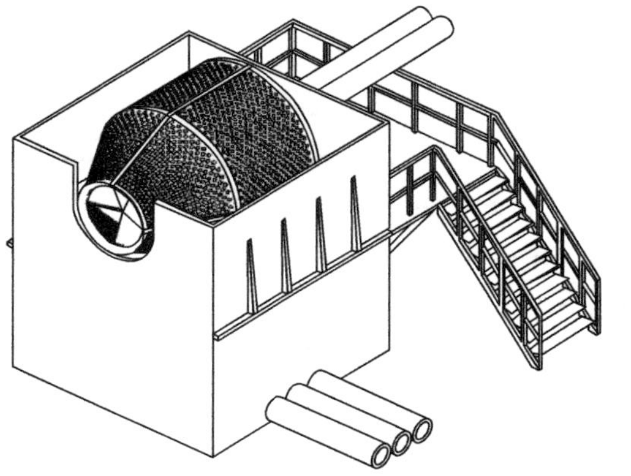

图1 淤泥筛分过滤分流装置示意图

2.1.2 装备改良的效果

该装置能有效解决清淤底泥中大粒径垃圾的筛分、过滤和分流问题，能快速开启与闭合、精准筛分、高效过滤、灵活分流，减少垃圾对挖泥船排泥管、泥浆泵组、浓缩罐及压滤设备的堵塞，提高底泥疏浚输送的速度及工效，防止管道、泵组及压滤设备受损，可避免淤泥筛分、过滤和分流时污染湿地环境，便于施工人员操作，具有装置结构安全性、安装灵活性、运转高效性、操作简便性等优点，进而提高工作效率，实现安全可靠、精准筛分、高效过滤、快速分流、减少堵塞、缓解黏接，保护管道、泵组及压滤设备不受损坏的目标，节省了大量时间和人力。

2.2 固结干泥破碎转运装置

2.2.1 装备改良的目的及特征

受雨雾天气影响，巢湖航道封航造成运输船舶停运、干泥外运停滞，为确保淤泥脱水固结正常生产且达到设计最优含水率，利用淤泥压滤固结技术将压滤固结后的泥饼临时堆放在压滤生产线旁的堆场区空地上，待恢复通航后，再将临时存放于堆场区的干泥泥饼进行二次倒运。由于堆放场地的泥饼含水率最高达到50%，长期封闭在厂房内泥饼的水分不能被蒸发，在淤泥与水的重力作用下，淤泥板结堆积成较大的块状，直接使用挖掘机或装载机将大块泥饼装卸在皮带运输机上传输时，易造成皮带黏接太多的淤泥而引起设备堵塞故障，且絮凝成团的泥块体积大、重量大，转运装载时，大块干泥自由下落时给皮带机的传送带带来较大的冲击力，增加皮带与轴承间传输的摩擦力，易损坏皮带机设备，减缓了皮带的运输速度，降低了工作效率，且有较大的安全隐患。

巢湖航道恢复通航后，为集中时间一次性将堆积于堆场区的泥饼高效迅速地装船运走，同时解决泥饼堆放场内狭小空间安全倒运难题，快速破碎大体积泥饼，降低泥饼的含水量，减小泥饼冲击皮带以缓解皮带与轴承间传输的摩擦力，减小泥块对皮带运输机的冲击力，实现泥饼快速转运装卸、高效安全运输，研制了“一种固结干泥破碎转运装置”，主要由接料口、容料仓、电机、螺旋铰刀、直通皮带机出料口、爬梯、观察平台、防撒落装置等组成固结干泥破碎转运装置示意如图2所示。

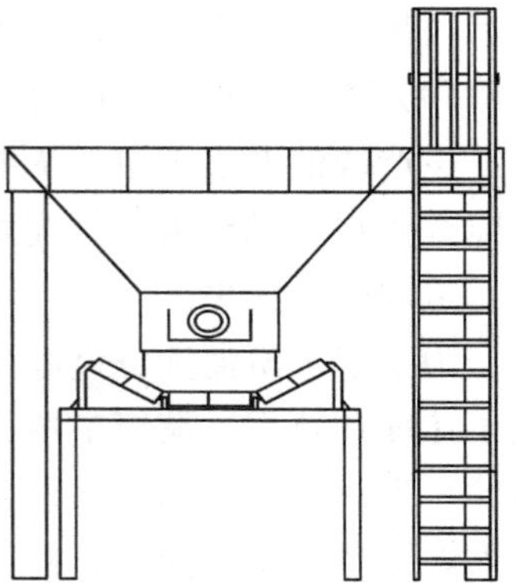

图2 固结干泥破碎转运装置示意图

2.2.2 装备改良的效果

该装置能方便快捷地切割、破碎泥饼，减小泥块对皮带机的冲击力，缓解皮带与轴承间传输的摩擦力；加快破碎泥块水分蒸发和固结减重，减小皮带集中承载，提高皮带运输速度；可防止泥饼黏接阻塞运输皮带，避免泥饼散落外泄污染堆料场环境；具有装置结构安全可靠、安装灵活、运转高效、操作简便等优点，进而提高装载转运工作效率，节省了大量时间和人力。

2.3 固结干泥分拨转运装置

2.3.1 装备改良的目的及特征

巢湖航道因受雨雾天气影响经常封航，封航期间泥饼运输船舶停运，淤泥压滤厂房生产线在封闭厂房内，为确保工期、正常生产，经脱水压滤固结至设计含水率的干泥泥饼不能直接由皮带运输机输送至码头装船，需要临时存放在干泥堆场区，待恢复通航后，再将临时存放于堆场区的干泥泥饼进行二次倒运。项目现场面临皮带运输机直接送料装船和不装船而临时送料至干泥堆场区两种需求问题，传统的方法需额外购置多组皮带运输机，且需重新征地、开垦湿地、回填硬化、建设封闭厂房及防护棚等，将会增加征迁与复垦难度，加大成本。

为解决干泥的分拨输送倒运、受限狭小空间作业、现场交叉作业问题，实现安全可靠、灵活分拨、高效运输、成本可控、节能环保的目标，加快受限狭小空间干泥分拨倒运的施工速度和效率，缩短工期，提高效果，减少征地，避免额外购置设备，减少泥块黏接阻塞皮带，减小皮带集中承载，提高皮带运输速度，防止皮带运输设备受损，保证交叉作业安全，开发研制了一种高效、安全、环保、实用的固结干泥分拨转运装置，主要由接料口、斗型容料仓、三通进口、电机驱动开启与闭合分拨调节开关、直通皮带机出料口、直通皮带机出料口端口橡胶围挡、直通干泥堆场出料口、分拨挡板、固定支架平台、爬梯、封闭防护棚等组成。固结干泥分拨转运装置示意如图3所示。

2.3.2 装备改良的效果

该装置能解决泥饼分拨转运问题，方便快捷地开启与闭合，减小泥饼冲击皮带，缓解潮湿泥饼黏接设备，减小皮带集中承载，提高皮带运输速度，避免分拨倒运时损坏皮带机运输设备，具有装置结构安全性、安装灵活性、运转高效性、操作简便性等优点，进而提高分拨、转运工作效率和皮带运输效率，节省了大量时间和人力。该装置能克服现场受限狭小空间、交叉作业繁多、作业环境复杂等不利因素，可根据干泥临时堆场的位置、湖滨

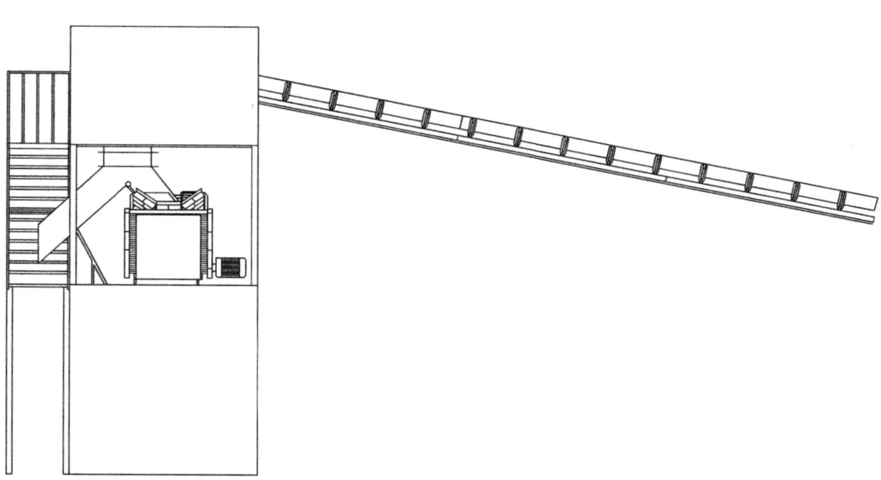

图 3 固结干泥分拨转运装置示意图

码头的方位、皮带运输机位置灵活调整装置的布置；装置占地少，避免额外征用侵占湿地，避免额外增购皮带运输机等设备；装置构造安全可靠，机械化流水生产，有利于消除安全隐患，实现安全施工作业。

2.4 板框压滤机下泥饼输送履带的保护装置

2.4.1 装备改良的目的及特征

巢湖生态清淤试点工程采用的淤泥压滤机分为带式和板框式两种，板框式压滤机产生的泥饼选择间歇式集中排放，泥块体积大、重量重，排放泥饼时，皮带运输机的皮带无法承受泥饼的冲击力，也无法满足一次运载要求，而在板式压滤机处于未排泥饼的工作状态时，皮带机又处在空转状态，无法提高其利用率，为使板框式压滤机产生的泥饼顺利排除，只能将压滤机内的泥饼按顺序人工卸落，才能保证皮带免受重击破坏，同时完成输送任务。人工卸落泥饼导致板框式压滤机在卸落过程中处在未工作状态，无法保证其原有的产能，导致压滤机工作效率低，同时人工排泥饼需要多人配合，人工费用高。

为解决在保证板框式压滤机正常产能的前提下，压滤机下运输皮带不被大块固结干泥冲击破坏且能正常工作的技术问题，研发“一种板框压滤机下泥饼输送履带的保护装置”，即采用一种新型排泥饼破碎及缓冲连续排泥工艺，由泥饼临时储存装置、钢网片初次破碎网、电机、履带、控制柜、均匀排泥螺旋轴等组成。板框压滤机下泥饼输送履带的保护装置示意如图 4 所示。

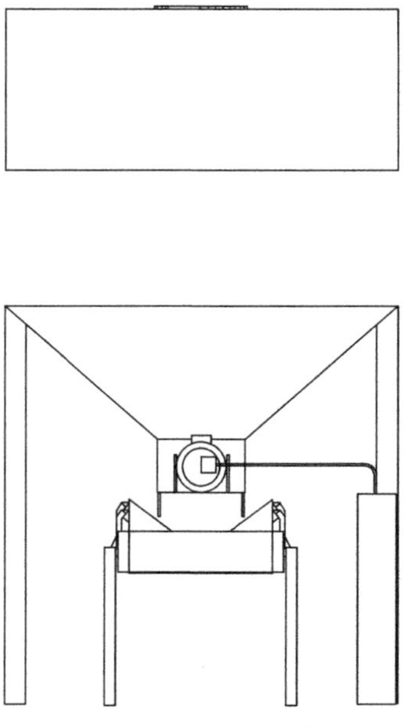

图 4 板框压滤机下泥饼输送履带的保护装置示意图

2.4.2 装备改良的效果

该装置可提高压滤机的工作效率，利用存泥池替代了压滤机本身临时储存泥块的功能，缩短了排泥时间，使板框式压滤机充分发挥压滤功能，减少无效工作时间，同时利用板框式压滤机一次性排泥至存泥池中，可减少利用压滤机临时储存泥块时逐个排出泥块所需的操作工人，减少人工费用支出，提高机械化、自动化，提高操作安全性；可实现板框式压滤机一次性排泥存泥，加速压滤机后续进泥压滤等工序，提高周转速度和运营效率；装置共设有两次破碎功能，包括泥饼自身重力通过上部钢板框架时的初次破碎和下部电机带动排土器的挤压破碎，利于连续排泥，防止过多或过少导致下部履带的受力不均及排土器受到大块泥饼的阻塞，确保安全高效生产。

2.5 余水加药絮凝沉淀与过滤净化澄清系统

2.5.1 装备改良的目的及特征

巢湖长期受工业废水废渣及生活污水垃圾等污染，工程实施期间现状水质为劣Ⅳ类和劣Ⅴ类。巢湖疏浚的底泥虽然经陆上泥浆沉淀池、浓缩罐、压滤机生产线加药压滤后脱水固化，但余水水质依然无法达到设计和规范要求的一级排放标准，且项目陆上排泥场加药、絮凝、沉淀、过滤、净化和澄清属于围堰区域临水作业、受限狭小空间作业，排泥场所属的泥浆沉淀池、余水沉淀池施工现场机械设备多、交叉作业繁多，施工环境较复杂，现场存在较多影响安全生产的隐患。采用传统的余水净化方式无法在受限狭小空间内施展，无法快速高效地实现余水加药絮凝、沉淀过滤、净化澄清，工效低、净化效果差，无法达到余水水质一级排放的目标，且易造成二次环境污染，有较大的安全隐患。

为满足室外陆上排泥场余水加药、絮凝、沉淀、过滤、净化和澄清工序流程的有效衔接和自动监控的需求，快速高效解决水质达标排放的问题，克服受限狭小空间作业、临水作业和现场交叉作业难题，实现安全可靠、快速加药絮凝、充分沉淀过滤、高效净化澄清、一级达标排放、保护周边湿地环境和水质不受二次污染的目标，研制开发了“一种余水加药絮凝沉淀与过滤净化澄清系统”，主要由加药溶药箱、药箱固定支架及操作平台、供水管及闸阀、水位报警器、搅拌泵组、增压水泵、控制柜装置、药剂输送管道、药剂喷管、过滤格栅、格栅步道观测平台、一级和二级沉淀池之间溢流坝、信息化可视监控系统等组成。余水加药絮凝沉淀与过滤净化澄清系统示意如图5所示。

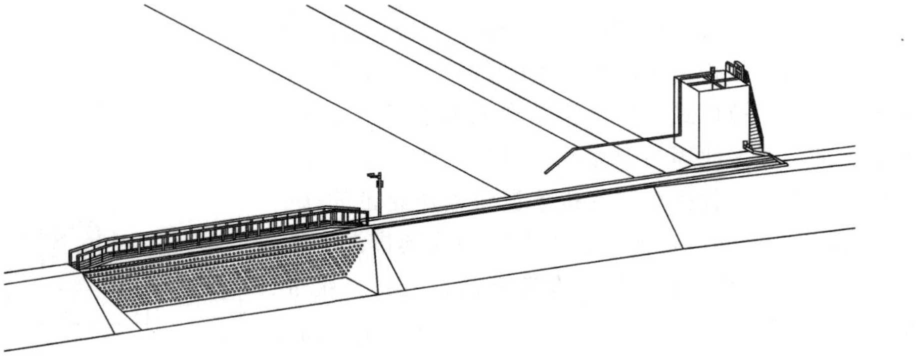

图5　余水加药絮凝沉淀与过滤净化澄清系统示意图

2.5.2 装备改良的效果

该系统可根据陆上一级沉淀池（泥浆池）与二级沉淀池（清水池）溢流堰口现场实际

位置适当调整装置的布置，以适应临水区域、受限狭小空间、交叉作业区的作业需求，有利于消除安全隐患，实现安全环保施工作业；能方便投放药剂，提高泥浆过滤工效，增强药剂反应效力，提高水质净化澄清效果，实现余水一级达标排放，占地少，避免了二次污染环境，便于施工人员操作；具有装置结构安全性、安装灵活性、运转高效性、操作简便性等优点，进而加快药剂投放、余水絮凝沉淀和过滤工作效率及提升水质净化效果，节省了大量时间和人力。

3 应用成效分析

上述改良后的装置已获得实用新型专利授权，为巢湖生态清淤试点工程解决了底泥垃圾含量高、细微粒径占比大、工效提高难度大、固结干泥含水率控制难度大、尾水净化指标高、水保环保要求高等难题，提高了快速脱水固结和尾水净化质量和工效，不产生二次污染，符合安全环保、绿色施工理念，为国家长江经济带绿色发展作出了突出贡献，产生了良好的社会效益、环境效益和经济效益。

4 结语

巢湖生态清淤试点工程中装备改良相关研究成果已先后应用于马槽河生态清洁小流域建设汤池污水处理厂、肥东县沙河生态修复工程等多个项目，在生态清淤、水质净化、生态环境治理、资源化再利用、湿地构建及生态修复、矿山生态修复等方面发挥了重要作用，可推广应用于江淮等流域水环境治理及生态修复等领域，为促进国家长江经济带绿色发展战略、乡村振兴、湿地保护等提供可参考的范例。

参 考 文 献

[1] 李广，陈龙，刘兴峰. 浅谈河湖生态淤泥固结技术与资源再利用 [J]. 绿色环保建材，2021 (11)：22-23.

[2] 唐雨卉，程润喜，徐杨. 河湖生态清淤及淤泥固化一体化技术应用研究 [J]. 广西水利水电，2023 (5)：58-62.

浅谈道路浅层软弱地基固化施工工艺研究应用

吴鹏飞　李　广　李文波

【摘　要】 G345凤阳段一级公路改建工程PPP项目地形复杂多变，多为丘陵地带，地势高低不平，道路沿线多为稻田种植区，常年遭水浸泡而形成软土。传统开挖方法施工周期长、难度大，且受雨季影响。利用软弱地基固化技术可使土壤骨架结构的强度得到提高，从而满足施工要求。

【关键词】 常年浸泡　软弱地基　软土固化剂　板结层

1　引言

随着我国经济的快速发展，公路的标准也在逐渐提升，针对公路的施工要求整体也在提高。其中软弱地基的处理具有一定的难度，如果处理不到位，将制约公路功能的充分发挥及使用寿命。

G345凤阳段一级公路改建工程PPP项目地形复杂多变，多为丘陵地带，地势高低不平，道路沿线均为水稻田，且沟渠塘较多，常年浸泡形成软土。按照传统的挖除软土以换填石方的方法，换填方量达30万 m^3，在雨季天气影响较大的状况下，较大数量土石方施工将面临周期长、难度大的挑战。

就地利用浅层软弱地基固化技术，将软土固化剂和水泥添加到土壤中自动和水发生反应，使水泥能够渗透到土壤颗粒内部，土壤颗粒表面出现多孔化的同时也开始硬化，从而使土壤强度得到充分提高。随着硬化时间的增加，土壤强度也同步增大，改良后的处理土会成为人造岩体，形成板结层。固化后的土壤凝结成的板结层类似于沉积岩的板块结构，坚硬且有一定弹性，并有良好的防水作用，养护成型后长期浸泡于水中也不会出现泥化现象，可以满足路基路面承载的设计和施工要求，不仅无须弃土和借土，最大限度地利用现场地基土资源，达到资源利用最大化和资源循环利用的目的，而且工程造价较低，无环境污染，符合当下国家建设环保、节能工程的要求，有利于现有资源的充分利用，有力地推动绿色环保工程的进程，同时能有效防止施工路面的沉降、断裂、隆起等问题，为软弱地基段道路提供安全保障。

2　工艺原理

软土固化技术是将软土固化剂和水泥添加到土壤中与水发生反应，在土壤离子中成游离状态的钙粒子通过粒子交换反应，吸附在微细的黏土矿物质表面，通过改变土壤颗粒的微观物理学性质使土壤颗粒化，除去会影响水泥和水反应的有机物活性成分，使黏土粒子表面产生疏水性，从而使水泥的结合力和土壤粒子的密度得到提高。同时，土壤粒子周围妨碍凝结效果的水、空气、有机物等构成的膜被固化剂的水溶液排除，将水泥和土壤粒子混合部分中的水泥渗透到土壤粒子内部，使土壤粒子表面多孔化、硬化，强度得到充分提高。随着硬化时间的增加，土壤强度同步增大，改良后的处理土会成为人造岩体，形成板结层。

3 施工工艺和操作要点

3.1 施工工艺流程

软土固化施工工艺流程如图 1 所示。

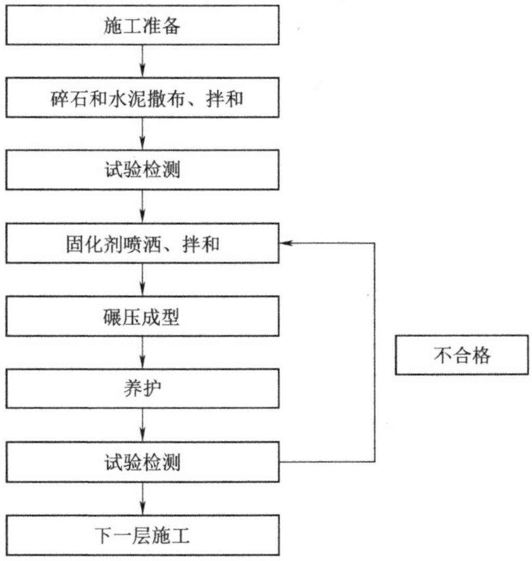

图 1 软土固化施工工艺流程图

3.2 操作要点

3.2.1 现场整理

根据设计图纸计算得出软弱地基路段的施工边线及各高程数据，现场放出中桩、边桩及对应的高程标识，施工范围内采用土坝围挡，以防外部积水流入施工路基内，然后排出路基施工范围内的积水，在路基范围外开挖集水沟，用水泵抽排降水。该施工路段为低填浅挖段，需先将高程挖至设计高程，即第一层固化处理高程，然后再进行下一步施工。

3.2.2 松土摊铺

待现场挖至设计高程后，根据分层厚度确定土层的松铺厚度，将晾晒后的软土固结颗粒打碎，使粒径不大于 1.5cm 且大于 1cm 的土壤颗粒的质量小于总质量的 5%，松铺厚度应等于压实厚度乘以松铺系数，压实后每层厚度不得大于 20cm。每次施工长度要根据所配机械的能力而定，确保摊铺、拌和及碾压成型的每道工序都在水泥初凝之前完成。

第一层施工时，若现场情况不允许（土壤含水量过高、地下水较丰富），可适当放宽对土壤的要求，但要严格控制压实厚度。

3.2.3 水泥和碎石撒布

根据不同地质及结构层所需水泥、碎石含量，将水泥、碎石均匀撒布，原则上水泥、碎石的撒布要用撒布机，如果没有条件，可计算出总的水泥、碎石用量，按面积分成若干区域均匀布置，人工配合机械均匀撒布。软土固化材料掺量见表 1。

表 1 软土固化材料掺量

层数	软土掺量/%	每立方米土壤水泥掺量/kg	每立方米土壤碎石掺量/%	碎石粒径/cm	固化剂掺量/kg
三层	90	150	10	1～2	1.5
二层	90	150	10	1～2	1.5
一层	100	150	0		1.5

3.2.4 水泥和碎石拌和

依据试验段确定的的施工层厚要求，按层将摊铺料由两侧边缘向中间充分拌和，且应达到固化层的底层。每层的重叠部分拌和要均匀，不得漏拌及破坏下层，且用于固化的混合料拌和后颜色一致。

施工时采取旋耕犁、多铧犁与路拌机两两组合的方式，使混合料充分拌和均匀，每层拌和不少于 3 遍。

进行下一层拌和混合料摊铺施工时，应对底基层的表面进行刨毛处理，刨毛深度为 1cm。两层间应充分拌和均匀，不得出现夹生或者未拌和的情况。

厂拌法主要利用厂内设备将水泥和混合料拌和，喷洒固化剂等。在充分拌和后，采取滴定法检测水泥含量，当水泥含量少于规定值时要补撒料，并充分拌和。

3.2.5 固化剂水溶液撒布

测定混合料的含水量时，按照最佳含水量 1%～2%的水量进行控制。在测定合格后，配置固化剂水溶液并将固化剂水溶液直接喷洒掺入混合料中拌和，喷洒掺入分两次进行，每次喷洒掺入量为 50%，且每次使用机械拌和的次数不得少于两遍，拌和后颜色要一致。宜采用洒水车或喷管均匀喷洒，缓慢行驶，中途不停车，不遗漏，防止喷洒量过大。当气温较高时，各工序间应相互配合，在喷洒掺入固化料后，拌和机械应及时拌和以减少水分流失。

第一层施工时，若现场情况不允许（土壤含水量过高、地下水较丰富），可采用人工喷洒的方式，注意喷洒要均匀，不要有遗漏。

3.2.6 搅拌混合

固化剂撒布完成，应立即均匀搅拌混合。施工时采取旋耕犁、多铧犁与路拌机两两组合的方式，使混合料充分拌和均匀，每层拌和不少于 3 遍，拌和时要与下层表面结合，拌和设备以满足现场的拌和效率与质量要求为准，为更好地拌和，第一层施工时，最好选取履带拌和设备。

3.2.7 整形

将混合料充分均匀拌和后，使用履带式或轮胎式压路机对基面初压一遍，随后使用平地机对直线段由两侧向中间刮平收拢，而平曲线段由中心向两侧刮平收拢。过程中配合人工使用铁锹与耙将混合料摊平，消除粗、细料的离析，以调整机械的路拱板初步整平，实施过程中严禁车辆通行。

3.2.8 成型碾压

整形后，应根据现场路宽、压路机型号的不同制定不同的碾压方案，并选择在混合料的最佳含水量时段进行压实。压实时要遵循“直线段由两侧向中间，曲线段由中间向两侧”的原则。碾压时要注意重叠错压 1/2 的轮宽，后轮超过接缝处。实施过程中，应及时对碾压出现的“弹簧”“松散”“起皮”等现象采取处理措施。

碾压成型的固化类结构层表面应无明显轮迹，并符合相关规范检测要求。

3.2.9 养护和检测

（1）养护。碾压完成后，应立即覆土工布并洒水养护，洒水时出水口不能对着路面直接喷洒，应稍微抬高出水口让水自然落下，喷洒要均匀，不得漏撒，以防出现裂痕。养护期不得少于 7 天，并时刻保持湿润状态，在养护期未结束前，应禁止各类车辆通行。

（2）检测。养护 14 天后可将表面部分多余的土去除，以控制路基的标高，保证路床的厚度为 80cm。同时对养护 14 天或 28 天后的固化层取土检测，检测内容包括深度和强度。深度按设计深度要求，误差不超过 5cm；强度检测时现场取芯，室内采取无侧限抗压强度检测的方法，整个场地检测点不少于 3 个，并且每 50m 不少于 1 个，每个点按设计深度要求，从表层往下 10cm 开始，按上、中、下间距基本均匀的方法取芯。养护 14 天和 28 天后，其对应的强度值分别不得小于 0.3MPa 和不得小于 0.6MPa，且压实度不小于 96%。若未达到强度要求，则扩大取芯范围，重新取芯检测，并对不合格区域重新进行搅拌施工，直至合格为止。

4 质量保证技术措施

以技术支撑体系建立健全责任制，强化质量与技术管理，重点推出项目的标准化、规范化及绿色示范工地建设。严格认真核对图纸，查找与分析图纸中存在的疑点与难点，进行技术交底，规范指导施工。用于测量的各布设桩点要加以保护，防止实施过程中造成损毁。施工测量放线要反复校核，严格三级测量复核制，确保建筑物的中线、水平及结构物尺寸位置正确。

现场进场的所有材料与构配件必须进行检验、试验，且试验合格后方可使用在工程上，否则一律不得投入到工程中。实施中应严格监控工序活动条件与工序活动效果，一是监控“人、机、料、法、环”，且必须符合质量要求；二是加强过程质量控制检查，利用“三检制”等监控工序活动效果的质量。

5 关键技术

该工程地形复杂多变，多为丘陵地带，地势高低不平，道路沿线均为水稻田，常年浸泡形成软土，且沟渠塘类较多。按照传统的挖除软土以换填石方的方法，换填方量达 30 万 m^3，数量大，施工周期长、难度大，施工过程受雨季天气影响较为明显，无法弃运。就地利用浅层软弱地基固化技术将软土固化剂和水泥添加到土壤中自动与水发生反应，使水泥能够渗透到土壤粒子内部，土壤粒子表面出现多孔化的同时也开始硬化，从而使土壤强度得到充分提高。随着硬化时间的增加，土壤强度也同步增大，改良后的处理土会成为人造岩体，形成板结层。固化后的土壤凝结成的板结层类似于沉积岩的板块结构，坚硬且有一定弹性，并有良好的防水作用，养护成型后长期浸泡于水中也不会出现泥化现象，可以满足路基路面承载的设计和施工要求，不仅无须弃土和借土，最大限度地利用现场地基土资源，达到资源利用最大化和资源循环利用的目的，而且工程造价较低，无环境污染，符合当下国家建设环保、节能工程的要求，有利于现有资源的充分利用，有力地推动建设绿色环保工程的进程，同时有效解决传统施工面临的路面沉降、断裂、隆起等难题，为软弱地基段道路提供安全保障。

6 结语

与传统的换填相比，软弱地基固化无须弃土和借土，可最大限度利用现场地基土资源，达到资源利用最大化和资源循环利用的目的，而且工程造价较低，无环境污染，符合当下国家建设环保、节能的工程的要求，有利于现有资源的充分利用，有力地推动建设绿色环保工程的进程，同时有效解决传统施工面临的路面沉降、断裂、隆起等难题，为软弱地基段道路提供安全保障。

参 考 文 献

[1] 许云山. 张石高速公路尾矿渣处理研究 [J]. 内蒙古公路与运输，2011（6）：28－30.

[2] 李林. 土壤固化剂的特性及应用 [J]. 交通世界（建养、机械），2011（6）：146－147.

[3] 中国建筑土木建设有限公司. 一种方便使用的浅层固化装置：CN202121915003.X [P]. 2021－08－14.

浅谈立式轴流泵站流道钢筋保护层在施工过程中的控制

朱瑾博　王广府　姜富伟

【摘　要】 立式轴流泵站在水利工程中是一种常见的水泵类型，在农田灌溉、引调提水、城市供水等领域广泛应用。施工过程中，对流道钢筋保护层的控制至关重要，它影响到泵站的结构安全。钢筋保护层对已完成的实体水工建筑物而言，在结构安全、使用寿命、水能冲刷等多方面都有着关键性的作用。但在众多泵站施工中，尤其是立式轴流泵站施工，普遍存在着钢筋保护层不合格的通病。本文结合引江济淮工程龙德泵站立式轴流泵站的流道现场施工实践，浅谈钢筋保护层在立式轴流泵站施工中的具体控制方法及其重要性，旨在提高验收合格率，提高工程质量，降本增效。

【关键词】 立式轴流泵站　钢筋保护层　工程质量

1　钢筋保护层的作用

钢筋保护层是指置于混凝土主体结构外表面外侧，用以保护混凝土主体免受外界环境侵蚀和破坏的构造层，具有一定的厚度和强度等级，以满足耐久性和承载能力的要求。龙德泵站进出水流道均为肘形流道，保护层面对高流速的水流冲蚀，对实体混凝土起着至关重要的保护作用，主要是防止钢筋受到外部环境的侵蚀，如氧化、腐蚀等。在泵站流道中，由于水流速度快、含沙量高等特点，钢筋更容易受到磨损和腐蚀。因此，设置合理的钢筋保护层对于保护泵站结构的安全至关重要。

2　如何控制钢筋保护层

如何在泵站流道施工过程中控制钢筋保护层？应从两个方面进行控制：第一方面，做好施工前的技术交底工作；第二方面，做好在施工过程中各个工序的细节控制。

2.1　施工前技术交底

施工前，应针对流道不同的部位，依据设计要求及相关施工验收规范，确定钢筋保护层。也可以利用数值模拟技术，在施工前对钢筋保护层的施工过程进行模拟和预测，以优化施工方案和参数设置。保护层的厚度并非都是一样的，不同环境类别，最低保护层有不同的厚度。因此，对一线作业人员进行技术交底时必须明确不同部位钢筋保护层的厚度，否则很容易造成返工，从而使得人工费用、材料费用都大大增加，导致成本增加。做好技术交底，有助于减少施工过程中的试错成本，提高施工质量和效率。

2.2 施工时现场控制

2.2.1 底板钢筋保护层控制

泵站进水流道的底板钢筋保护层设计厚度是5cm，浇筑完垫层后，最下层一般采用在下层筋上直接铺设垫块的方法来控制保护层。但是现在通常使用的垫块都是买的商品垫块，垫块质量参差不齐，在这样的情况下，保护层的厚度就没有保证，因此需要平均分布垫块，使其受力均匀，还需要增加垫块的数量，确保保护层的厚度及质量。底板的上层筋可以利用架马镫的方法来控制保护层。

2.2.2 墙的钢筋保护层控制

流道的墙身是不规则的圆弧形，钢筋保护层的厚度控制难度非常大。

钢筋保护层控制，钢筋加工制作也非常关键。在按图施工的基础上，钢筋加工制作应根据现场实际情况对钢筋的形状、长度进行微调；在钢筋安装前，做好测量工作；在绑扎钢筋的全过程中，纵向和横向一定要挂工程线，保证外部尺寸符合设计要求；在模板安装之前，需要把垫块均匀分布在各受力钢筋上，用扎丝绑扎牢固；模板安装之后、模板报验之前，现场施工人员必须逐个检查，可以利用挂钩或者拉杆来控制两层钢筋网的间距，保证保护层间距不会过大。

2.2.3 作业人员的责任心

在实际施工过程中，重点做到每个部位责任到人，专门指派具有责任心且能规范作业的工人，混凝土浇筑振捣过程中特别要重视这一点。通常情况下，钢筋在绑扎时位置基本符合设计要求，但在浇捣过程中情况就发生了变化，有时人直接踩在钢筋上面，有时作业工具压在钢筋上面，由此造成的后果是：马镫被踩倒或者支撑钢筋的垫块错位，混凝土上层钢筋错位变形，导致钢筋保护层的厚度得不到保证。在施工过程中，质检员要从钢筋的制作、绑扎到混凝土的浇筑全过程进行检查，发现质量问题及时改正。在混凝土浇筑全过程中，不仅钢筋班组要派专人跟踪检查，而且要做到规范作业，严禁作业人员直接在钢筋上行走；浇筑过程中应在上层钢筋上铺筑一层泡沫板，以对上层钢筋做有效的保护；浇捣工程中振捣工应经常检查，发现问题及时处理。

3 保护层检测

对完成的泵站流道实体结构的钢筋保护层厚度进行检测，对于保证结构安全具有重要意义。利用以上各种控制措施，水利工程中的泵站流道层钢筋保护层控制效果大幅提升，钢筋保护层检测合格率大幅度提高。混凝土浇筑完成以后加强检测。混凝土钢筋保护层厚度检测方法有很多，常见的有剔凿原位检测法、电磁感应法、雷达检测法等。其中雷达检测法更适合，它快速扫描检测的面积大，对结构无损伤，因而在工程检测中使用得更多。钢筋保护层验收作为传统的隐蔽工程验收的最后步骤，经常被忽略，而在实体结构检验中，增加对钢筋保护层厚度的检测力度，对于加强施工质量控制，保证水工结构安全有不可忽视的作用。

显而易见，钢筋保护层厚度检测必须引起高度重视，如果不重视，产生的不良后果是不可想象的。要全方位、全过程检测，必须正确了解钢筋保护层的作用，充分认识到在施工过程中怎样高效地控制钢筋保护层的厚度，及其对工程结构的重要性。只有防微杜渐，才能使工程实体质量有所保证。

4 结语

通过控制施工过程中的钢筋保护层厚度，不仅可以提高水工结构物的使用寿命，而且可以提高水工结构物的安全性，同时满足质量要求、结构设计要求及安全要求，并减少返工现象，降低成本，提高验收合格率，使工程实体质量提升一个台阶。百年大计，质量第一，从细节入手，铸造千秋工程，推动水利工程高质量可持续发展。

参 考 文 献

[1] 董桂平. 钢筋保护层的重要性及厚度控制改进措施 [J]. 现代农业，2006 (8)：74-75.
[2] 陆汉平. 浅谈加强钢筋混凝土受力钢筋保护层厚度控制的重要性 [J]. 科技资讯，2008 (8)：34.
[3] 鲁宗平. 钢筋保护层厚度检测评定要点解析 [J]. 水利建设与管理，2018，38 (11)：58-62.
[4] 徐有邻，刘刚，程志军，等. 混凝土结构中钢筋保护层厚度的检验 [J]. 施工技术，2005，34 (4)：78-80.

浅谈软土地区管道顶进施工技术

王宜龙政　孟　岩　石建虎

【摘　要】本文结合某乡镇供水管道施工，对顶管施工工艺进行了深刻剖析，主要涉及后座墙、顶进、注浆减摩、顶管监测与纠偏、进出洞口措施等方面，并提供了有关管道顶进等具体施工方法。

【关键词】顶管施工　施工工艺　顶进

1　引言

安徽省亳州市谯城区“十四五”农村居民供水保障工程——油河地表水厂配水管网工程一标段，顶管内衬管为ϕ820×12焊接钢管，顶管施工管材为Ⅲ级钢筋混凝土管，F形双胶圈钢承插口，穿越河流最长距离为160m，管底埋深为11.409m，土质属粉砂层，管道底部位于含水层以下。为适应长距离、水下和小直径顶管等多种地层和施工环境，此次施工运用了导向控制、触变泥浆减阻等技术。

2　顶管施工工艺

据土质条件、进度要求、周围环境控制要求，采用全封闭泥水平衡法施工，工艺流程为：井中心测量放样—设备安装—管道吊装到位—人工掘进、出土—开机顶进—测量控制及纠偏—管道拼装—管道顶进—第二节管道掘进、出土、顶进—安放中继间—继续顶进—顶进到位—出洞、拆除工具管—全线复测—顶进结束—闭水试验。

2.1　设备安装

（1）在顶管顶进施工前，按要求进行施工用电、用水、通道、排水及照明等设备的安装。施工用电每台套采用150kW的发电机组。水需从场外拖运，要修进场简易便车道，保证施工管材料、设备及机具进场。现场设备摆放空间至少需长45m，宽55m的平整封闭场平区域。

（2）施工材料、设备及机具必须备齐，以满足该工程的施工要求。管节等要有足够的余量（20～30m）。

（3）地面上与井底设立了监测控制系统，该系统经过重新核实并提交监理机构批准。

（4）准备工作井布局，主要包括靠背部位、滑轨、中央推进油缸、液压动力单元和金属梯子等。推进设备的底座采用金属结构的预装部件，底座位置必须依照管道设计的中心线来精确设置标记，施工时需根据勘测放样的数据，将设备准确悬挂至井底就位和固定。底座上的滑轨要依据推进管道的设计中心线和实际测量的坑道中心来居中安置，并加设支架加固，确保底座的稳定性，防止发生形变。

（5）在开展顶管作业之前，需针对所有参与施工的工作人员进行有关分期施工的技术说明，并为各个技术岗位的员工提供相应的职业培训，只有通过了相关评估考核，方可授权其上岗作业。

（6）后座墙。在顶推力的作用之下，背板被压紧，且压紧方向与施加的顶推力方向相反。一旦停止推进作业，顶推力解除，相应的挤压形变也随之消退。这类可逆的弹性形变被视作常态，故而在顶管施工中，背板不应发生损坏或出现不可接受的挤压形变。背板也不得有垂直方向或水平方向上的不均匀挤压现象。如果发生这类情形，就可能导致在液压千斤顶推进过程中，背板产生偏移。为了确保推进作业的品质以及施工的顺利进行，应对背板承受应力、应变进行仔细计算。

1）后座墙的强度及其影响因素。后座墙的强度取决于千斤顶在顶进过程中施加给后座墙的最大后坐力，后坐力的大小与最大顶力相等。影响顶力的因素甚多，可分为客观因素及主观因素两类。客观因素包括管材种类、管径大小、顶距长短、覆土厚度、土的种类、地下水位、管节重量等；主观因素包括操作误差、顶进方法、中途停工与否、是否采用润滑剂等。

2）后座墙的刚度要求。顶管施工时要求后座墙具有充分的刚度，以避免往复回弹、消耗能量。要保证受最大顶力时不变形，或只有少量残余变形，后座墙应尽量采用弹性小的材料。如果后座墙弹性过大，顶进的后坐力先压缩后座墙，直到后座墙被压紧而不能再压缩时顶力才向前发挥作用并使管段前进，则千斤顶卸荷，后坐力解除后，后座墙虽然有残余变形但不大，甚至可以恢复到未受荷载的状态。可是下一次顶进时，仍要先压缩后座墙，因而每次顶进都要浪费一段千斤顶行程用于压缩后座墙。短行程千斤顶的行程一般为200mm，而后座墙压缩量为20～30mm。这样就导致千斤顶行程在顶管前进过程中利用率只有70%～80%，每顶进2m长的管节，需12～14个行程。若再考虑到传力工具的压缩，需要的行程数还要增加。所以，要提高顶进效率，除采用长行程的千斤顶外，还应设法增加后座墙的刚度。由于该工程为井内施工，所以采用2m×2m×0.2m（长×宽×高）的C30素混凝土垫层，施工前，要进行充分的勘测和测量，确保后座墙的尺寸和位置符合工程要求。施工现场要保持整洁，井壁保持干净整洁，避免浇筑完成的混凝土与井壁间出现缝隙。

后座墙的核心职能在于全程支撑主推力，确保主顶操作站推动顶管时具备稳定的阻力支点。因此，后座墙需具备足够的抗压强度和刚度，并且具有较低的压缩形变量。后座墙示意如图1所示。

2.2 顶进

顶进工作坑深度示意如图2所示。

2.2.1 顶进误差

在顶进过程中，由于土质、设备操作等原因，管道的方向或高程出现偏差，这种偏差称为顶进误差。应及时采取措施防止误差的出现，并及时发现误差的趋势而加以校正，使

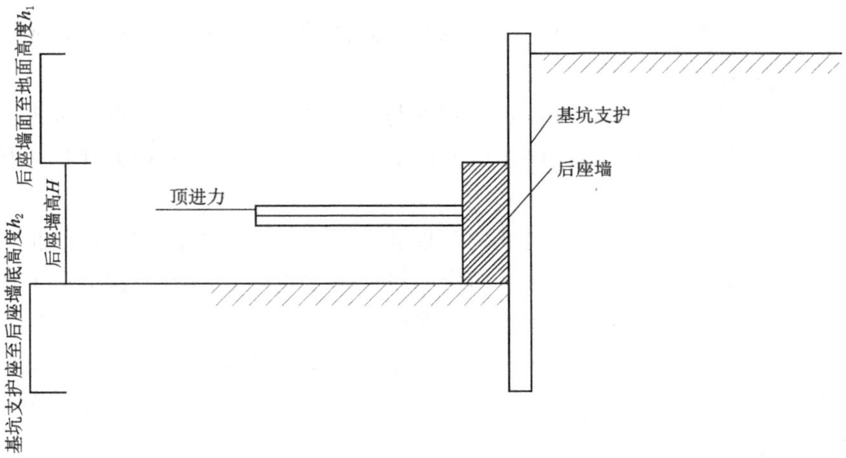

图 1　后座墙示意图

误差发展不致过大，并保持在容许范围以内。

2.2.2　中途停工

开展顶管施工时，施工过程需连续，无法中途休息。若中断后重新开始，所需的初始推动力将远超中止前的水平。顶进时，采用注浆润滑技术，遇到的推进阻力会大幅度降低。

2.3　泥水系统、水压控制

土壤钻探过程中的泥水系统担当双重功能：一是清除钻探过程中产生的碎屑，二是确保顶进管道周边空腔内压力稳定。此系统包含多个密闭的管道网络，通过持续回流，形成混合的泥浆体。随后，经由专用的排泥管路把泥浆输送至地面泥浆池沉淀。钻机旁边配备的控制系统可以对泥浆的流速和流向做出调整，防止泥沙堵塞管道或在现场过多积累。在钻探黏质土壤时，土壤自身的黏性足以使泥浆自然流入池中；而在处理沙质土壤时，为了去除沙粒，需要往泥浆中加入胶合物质（如膨润土）以增强黏度。含沙泥浆会通过振动筛设备、循环沉淀系统以及干燥设备处理分离出沙土，并且重新循环利用清洁的泥浆，累积下来的废渣则需要适当处理。废土利用自卸车进行运输，清洁后的泥浆则用罐装车辆运往弃渣场。

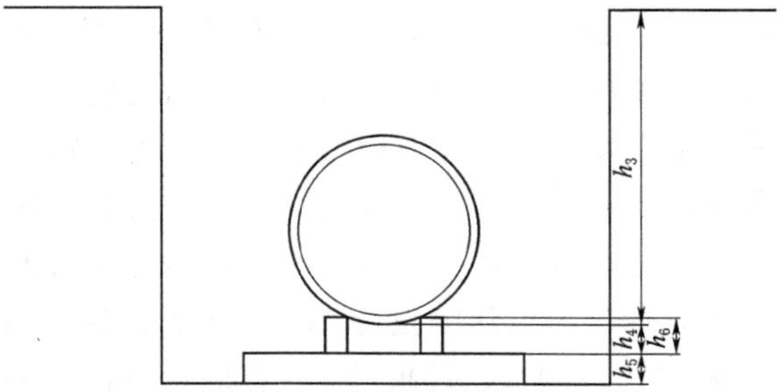

图 2　顶进工作坑深度示意图

h_3—地面至管道底部外缘的深度；h_4—管道外缘底部至导轨底面的高度；h_5—基础及其垫层的厚度；h_6—顶管机进入接收坑后支撑垫板厚度

水压控制是指系统中的压力传感器能检测到地下水压，通过泥水系统、电磁阀、旁路装置以及水负载阀，实现对水压的精细调控。内置的电磁阀和旁路系统则有助于避免水压波动，维持稳定水压，在增设管道过程中避免降低掘进头部的水压，确保内部压力保持均衡。

2.3.1　管道外围环状空隙注浆

注浆过程中必须注意以下几点：

（1）根据地质状况，一般推荐的灌浆量应是估算值的 1.5～2 倍。该项目在粉质黏土层施工时，确定的灌浆量为预算的 160%；而在粉砂层施工时，是按预测值的 200%执行。

（2）确保路面结构稳固，以及地表与地下结构未受影响，顶管工作结束之际，需迅速调整压力，注射水泥浆充满管道周围的空隙，使其封闭且结实。注浆完成后，应立刻清洁注浆设备，避免管路或设备堵塞。

（3）调整注浆操作所需的压力，该工程基于土壤的天然重度 Y 以及管线的埋设深度 H'考虑而设定，经验为 $2YH'$～$3YH'$，即该工程注浆压力定在了 0.2～0.3MPa 之间。注入的浆体总量需超过管道外围环状空隙的两倍容积，鉴于存在泥浆流失的情形，应当持续不断地追加浆料作业，以保障泥浆套的连续性和完整性。

（4）针对管道上方的细小缝隙，选取水泥和粉煤灰按 1∶3 配比混合而成浆料，注入管内进行充填固化作业。针对管顶的较大缝隙，采取管内和地面充填技术相结合的处理方法。材料是水泥、粉煤灰与细沙，且按 1∶1∶4 的比例混合而成。

（5）管道内侧灌浆孔的设置方法为：顺着管道方向，每隔 3m 安排一个施工孔，孔洞的顺序应该遵循左边高位、右边高位、再左边高位的规律；地表灌浆孔的设置方法为：在管道正上方的位置，每间隔 4～6m 钻 1 个孔，直至达到管道的顶端空隙。

（6）注浆作业应自每段的起始孔口展开，继续注入直至下个孔口有浆液流出，逐个完成整段的注浆作业。注浆完成每个阶段后，需暂停 6～8h 才进行第二次注浆作业。进行二次注浆时，保持压力不变，持续操作直到无法继续注入为止。地面管道内的注浆作业均需执行两次注浆。选用地面管道注浆的部分，应优先执行地面压浆，随后再行管道内注浆作业。

2.3.2 地表注浆加固

在处理疏松的砂砾层和回填土层时，须使用水泥浆进行加固，以保证推进过程中土壤的稳定性。

使用冲击式钻机于地表打注浆孔，钻孔深度控制在 5～6m 范围，孔径为 100mm，在安装注浆花管后的外侧埋灌细砂。采取机械方式搅拌水泥浆料，用电动注浆泵实施压力灌浆，依次对每个孔位进行填充直至满注。依据该项目的独特性，初步方案是每隔 8m（计算为 4 段，每段长度为 2m）设置一根注浆管，并逐一优化注浆口的布局，以保证各个方向的注浆作业均能顺利进行。

2.3.3 注浆减摩

触变泥浆减摩是顶管施工中减少阻力的一项重要技术措施，在顶进过程中，通过顶管机尾部同步注浆与管道上的预留孔向管节外壁压注一定数量的减摩泥浆，采用多点对称压注的方法使泥浆均匀地填充在管节外壁和周围土体的空隙中，以减小管节外壁和土体间的摩阻力，起到降低顶进时阻力的效果。管节外壁能否形成完整的泥浆套，将直接影响到泥浆的减摩效果。减摩泥浆采用触变泥浆，该浆液性能稳定，且有良好的触变性，又有一定的稠度（浆液配比见表 1）。施工过程中，泥浆应保证不失水、不沉淀、不固结，泥浆的配比应根据不同的地质情况作相应的调整，使泥浆适应土层的特性，起到预期的减摩效果。施工过程中还可配制特殊的泥浆，以适应顶进施工中特殊土层的特性，起到预期的减摩效果。施工过程中还可配制特殊的泥浆，以满足顶进施工中的特殊要求。

表 1　　浆液配比（重量比）

膨润土/kg	水	纯碱/kg	羧甲基淀粉/kg
400	适量	6	2.5

注　浆液质量指标：稠度为 12～14s，pH 值为 9～10，析水率小于 2%。

压浆时，储浆池内的触变泥浆由地面上的压浆泵通过管路压送至管道内的压浆总管，并到达连通各压浆孔的软管内，通过控制压浆孔球阀来控制压浆。

注浆减摩应遵循以下要点：

（1）挑选高品质的触变泥浆原料，并对钠基膨润土进行样本分析。关键参数包括制浆效率、水分损耗和剪切稀化性能。

（2）在导管中预设注浆孔，且此孔位设计便于灌浆套体的生成。

（3）在进行储存膨润土及调配浆液、拌和与膨胀等工序时，应征询供货商的意见；同时，所有操作必须遵循相关标准，并在使用之前进行必要的测试。

（4）在推进施工的过程中，以同步填充浆液的方法为主，以补充浆料的方法为辅。同时，需定期对各推进区段内的浆液凝固状况进行观察与检验。

（5）确保灌浆机械与管道系统的牢固性，它们须拥有适当的抗压能力和出色的封闭特性。在注浆孔设置逆止阀，防止外部土壤反流进入而导致浆孔堵塞，进而损害灌浆的效果。

（6）指派专业人员管理灌浆流程，并由品管人员定期进行品质监督。

（7）选用脉动程度较低的螺旋泵作为注浆设备，以确保输出流量与推进速率相匹配。

（8）鉴于顶管道路延伸较远，为确保注浆过程中起始点至终点的压力不会产生显著偏差，在路径中部额外配置一台注浆泵来提升压力。

2.4　操作控制系统

操控手在地面控制中心通过监控地面压力、液压和隧道内激光定位来细致审查整个操控系统。操作台为其呈现所需数据，并设有操控整个系统的电子按钮。此控制台支持手动调节方向和记录数据，同时支持由全自动计算机来调控方向及数据的记录。其他工作人员则负责井内管道和顶铁的更换以及进排泥管和电缆的连接。当掘进机抵达接收坑后，会临时停止挖掘工作；若遇地下含水层或软土等情况，则需沿接收坑周边安装防水封圈。掘进机头部贯穿土质后进入接收坑，标志着管道敷设的完成。此后，撤除掘进机，形成人工出入口并封闭接收坑。一项工程通常由多个掘进段组成，在每个工作井里，推进装备会调整方位，继而开启新方向上的推进作业。整个过程在每个工作井中执行两遍，以此铺设完成完整的下水道或输送管线。

2.5　进出洞口的管理措施

顶进前，为防止洞口处的水土沿工具管外壁与洞门的间隙涌入工作井，在工作井内洞口处安装一道环形橡胶止水圈。其在顶进施工过程中可防止减摩浆从此处流失，保证泥浆套的完整，以达到减小顶进阻力的效果。

顶进过程中，由于遇到了流动性大的沙土，地下水位高，土壤结构疏松，地基的承重力并不理想。尽管对地基已有所加固，仍需进一步稳固控制机头以免其下沉，确保顶管作业的平稳进行。施工中将掘进机的首部与后续5个管节用拉杆牢固连接，形成刚性一体化结构，并利用每隔1米的手动葫芦在轨道上牵引，保证掘进机沿导向系统安全推进。当掘进机顶部到达预定位置，便放置第一个管节并完成连接，然后在工具管后管节内安装工具管辅助设备。

2.5.1 管节顶进

进入孔洞后，掘进机轴线方向和头部位置正确，将在未来管道段的铺设中发挥关键作用。因此，顶进时机头与前5节管子应连在一起，用拉杆将前5节管子与机头固定，防止机头重量大而下沉。根据控制台显示屏激光点及时调节纠偏油缸，使其持续控制在轴线范围内，确保精确控制。这项工作必须严格按照实际情况和操作规程进行。每一个矫正的角度都需维持在0.05°～0.1°范围内。要严格管理钻头过大的校准动作，防止推进时出现问题，导致钢管接头破损。途径河流时，应该减缓推进速度，并严密监管灌注压力，避免穿透河床。

2.5.2 顶管顶进的环境影响因素与地层形变控制

1. 顶进过程中周边环境影响因素

(1) 地下管线。工程的沉井施工已在设计阶段规避了线管复杂的路段，选择在耕地中进行深埋施工，故在沉井下穿河道的位置，要求无既有管线，周边300m内也无既有房屋或其他构筑物。施工前建设单位分别针对每个施工沉井点及河道中央进行勘察，以明确现场土层、水系构造。在管道井的位置各人工开挖4.0m深探沟，避免不明管线出现。

另外考虑到既有管线不明晰，需建设单位提供相关的既有管线资料及勘测资料。明确施工过程中所有路段既有管线的位置，如与设计相冲突，需会同勘察、设计单位共同协调解决。沉井、顶管施工前必须探明既有管线，并考虑既有管线对施工的影响。

熟悉掌握设计、建设单位提供的地下管线图纸资料，现场如发现既有管线，在做好线路保护的同时，于工程实施前召开由各管线相关单位参加的施工协调会议，进一步收集管线资料。在此基础上，针对施工范围内的地下管线开挖必要的探坑（开挖探坑时通知管线产权单位相关人员到场），核对弄清地下管线的确切情况（包括标高、埋深、走向、规格、用途等），并做好记录。

(2) 相邻构筑物。沉井位置为耕地及河堤用地，要求300m内无相邻构筑物。

(3) 施工周边环境复杂。顶管施工处于下穿河道位置，河道的深度及地质情况，建设单位须在施工前做好相关勘察工作，厘清河道下部土层结构。

(4) 顶管施工难度大。该工程在工作井和接收井施工时，其深度较大，管底位于地下水位以下，沉井和顶管施工的排水、施工安全、质量控制难度较大，顶入前需明确河底硬土至顶管顶部的深度。

2. 顶管引起地层形变因素

顶管引起地层形变的因素主要有：掘进机头开挖面引起的地层损失，机头纠偏引起的地层损失，机头后面管道外周空隙因注浆填充不足引起的地面损失，管道在顶进过程中与地层摩擦而引起的地层扰动，管道接缝及中继间渗漏而引起的地层损失。所以在顶管施工中，要根据不同土质、覆土深度和地面沉降的情况，配合测量报表的分析，及时调整泥水与土压平衡值，同时要求坡度保持相对平稳，控制纠偏量，减少对土体的扰动。根据顶进速度，控制排泥量和地层形变的信息数据，及时调整注浆压力和注浆量，从而将轴线和地层形变控制在最佳状态。

3 结语

本文根据软土地区大跨度顶管工程沉井施工工艺研究，从井室施工深度，管道下穿河道，相关施工安全、质量控制等角度出发，对工作井、顶管及相关施工工艺流程进行分析阐述，克服了软土层顶进易坍塌、顶进跨越河道距离长等难题，保时保质保量完成管道顶进施工，为保障“十四五”农村居民供水贡献了力量，为类似软土层大跨度沉井顶管施工提供了可借鉴的实例。

参考文献

[1] 陈玉叶. 顶管技术在市政给排水管道施工中的运用分析 [J]. 工程建设与设计，2022（15）：187-189.

[2] 杨宇. 市政给排水施工中的非开挖顶管施工技术要点研究 [J]. 工程建设与设计，2022（5）：174-176.

[3] 王刚. 市政给排水管道的施工质量控制及预防治理措施研究 [J]. 低碳世界，2022，12（9）：91-93.

[4] 王智. 市政给排水工程非开挖顶管施工技术分析 [J]. 科学技术创新，2022（27）：110-113.

[5] 吴远存，翟晓强，程宝康，等. 市政给排水管道工程中的顶管施工工艺 [J]. 北方建筑，2024，9（2）：100-103.

浅谈水泥土搅拌桩防渗墙在堤防加固中的应用

唐文迪 姜富伟 张 震

【摘 要】本文结合工程实际，针对水泥土搅拌桩防渗墙在新建王截流保庄圩堤防加固工程中的应用，从施工工艺、防渗技术特点、设计指标、施工技术要求、质量控制措施与质量检测等方面进行了阐述，可为类似工程提供参考。

【关键词】水泥土搅拌桩 防渗墙 堤防加固

1 引言

新建王截流保庄圩位于安徽省六安市霍邱县境内。王截流保庄圩堤防属于2级堤防，具体建设内容为：新建堤防6.69km，新建泵站1座、涵闸2座、堤防截渗4.65km，其中截渗采用水泥土搅拌桩防渗墙，位于堤防中心，且与堤防心墙连接。

2 施工工艺

2.1 测量放样

按施工图纸要求，确定防渗墙的轴线位置，使用全站仪或经纬仪进行桩位和高程测量。

2.2 搅拌孔位就位

防渗墙中心间距为440mm（ϕ600），根据这个尺寸在单排水泥土搅拌桩中心线做好定位线。

2.3 钻机就位

钻机根据桩位调平对中，机身垂直，就位误差不大于20mm。钻机就位后使用水平尺调平钻机平台，再用线锤对机架垂直度进行控制，以保证桩机的垂直度。钻头直径应每日检查一次，磨损严重时应及时更换符合要求的钻头。

2.4 搅拌与注浆

2.4.1 泥浆制备

根据施工图纸及技术标准要求，泥浆制备选用P·O 42.5水泥，水泥掺量为15%，水灰比为0.7，加水时采用定量容器。为保证浆液拌和均匀，采用二级拌和方法：按试验配比计算出一根桩所需水泥和水的用量，水泥按袋计数，水根据桶内刻度计量；浆液进行第一级搅拌，应充分搅匀后打入储浆罐内，再在储浆罐内进行第二级搅拌。

2.4.2 搅拌与注浆技术参数

第一步：下钻方向为正转向，下钻速度不大于 1.2m/min，不喷浆液。

第二步：钻头达到桩底，将喷浆搅拌 30s 后，反转提升，提升速度不大于 0.8m/min，喷浆量控制在 39.6L/m，喷浆压力控制在 0.4～0.6MPa，喷浆量为单桩总浆量的 50%。提升到预定高程。

2.5 重复搅拌与注浆

第一步：正转下钻，下钻速度不大于 1.2m/min，复搅下沉过程中不喷浆。

第二步：反转提升，提升速度不大于 0.8m/min；提升式喷浆，喷浆量控制在 39.4L/m ，喷浆压力控制在 0.4～0.6MPa，提升式喷浆量为单桩总量的 50%。提升到预定高程。

2.6 桩机移位

桩机按照上述步骤重复施工，完成一个单元墙后，沿轴线方向移到下一单元墙并施工。移机后须用清水将管路及机具冲洗干净，以防管路堵塞。

2.7 接头处理

接头处理主要针对水泥土搅拌桩施工超过 28d 的部位，处理后重新开始施工。水泥土搅拌桩防渗墙接头处理如图 1 所示。

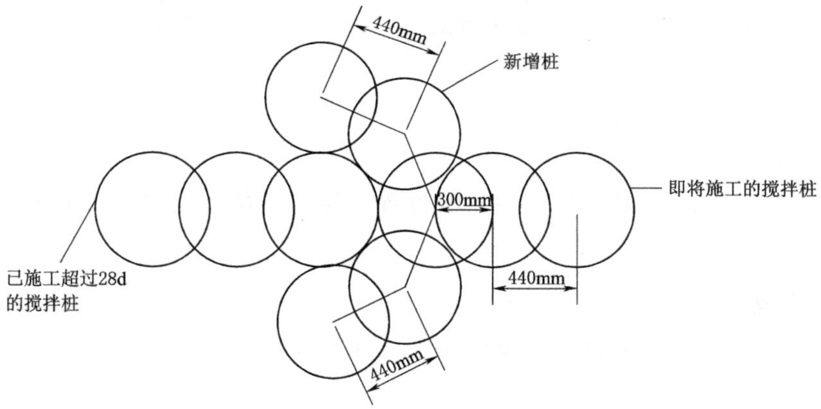

图 1 水泥土搅拌桩防渗墙接头处理

3 防渗技术特点

水泥土搅拌桩防渗墙是利用水泥浆和原状土充分搅拌而形成的水泥土墙体，其整体性及抗渗性较好。

水泥土搅拌桩防渗墙施工需要开浆槽，施工工艺比较简单，使用灵活，节省劳动力。

与其他垂直防渗技术相比，水泥土搅拌桩防渗墙成墙效率高、造价低。对墙体进行检测发现，成墙效果很好。

4 设计要求指标

最小成墙厚度不小于 400mm，28d 无侧限抗压强度不小于 1.0MPa。

墙体渗透系数小于 1×10^{-6}cm/s。

5 施工技术要求

施工前必须平整场地，清除所有障碍物。

开机前必须检查桩机各项性能是否正常，输浆管是否通畅。

施工时，停浆面应高出作业面标高 500mm。

施工中必须保持搅拌桩机底盘的水平状态和导向架的垂直状态，桩身垂直度偏差不得超过 1.0%，如果发现有较大偏差，要及时调整。

水泥浆液泵送必须连续进行，使用计量器计量水泥浆液用量；喷浆下沉和提升的速度应符合规范要求，安排专人记录数据；施工过程中出现问题，如实记录数据，以便汇总分析。

为确保搅拌桩的施工质量，应严格控制钻杆的提升速度，施工过程中提速不能过快，否则会造成局部拌和不均匀，导致桩身强度不一。

钻进过程中，如遇地下障碍物不能继续钻进，应及时通知监理人员。设计人员到现场确认并采取有效补桩措施，以确保施工质量。

严格按照设计配合比配制浆液，配制的浆液应经过滤后才可以使用。

施工过程中必须保证施工用电和设备的正常运行。

6 质量控制

选用符合设计要求的水泥品种和规格，并经现场取样送检复检合格后方可使用，水泥储存场地应符合施工要求且布局合理。

按施工图纸的要求进行工艺性试验，施工过程中严格按工艺性试验确定的各项施工参数施工。

在施工过程中，搅拌头翼片的枚数、宽度、与搅拌轴的垂直夹角、搅拌头的回转数、提升速度相互匹配，确保加固深度范围内土体的搅拌次数满足规范要求。

按试验室配比配制的浆液不得离析，浆液泵送一定要连续进行。

在桩顶 1～1.5m 范围内增加一次喷浆搅拌，确保桩头的施工质量。

当输浆管发生弯折、漏浆时，应及时进行排查，理顺管路，发现漏浆点应及时补漏，严重时应停止作业，并对管路进行更换。当沿程压力损失增大时，制浆池可以布置在桩位附近，或增加泵送压力。

7 质量检测

成桩 28d 后，要做无侧限抗压强度试验和抗渗试验。钻芯后的孔洞采用水泥砂浆封堵。水泥土搅拌桩防渗墙施工允许偏差见表 1。

表 1　　水泥土搅拌桩防渗墙施工允许偏差

项　　目	允许偏差	检查方法及说明
桩位偏移	±20mm	用经纬仪检查
桩体垂直度	1%	用成墙（桩）的配套设备检查
最小桩体直径	不大于设计桩径的 4%	用钢尺或其他仪器检查
桩长	符合设计要求	喷浆前检查钻杆长度
桩体喷浆量	≥15%	计量仪或其他计量装置检查
桩体无侧限抗压强度	不小于设计规定	桩头或桩身取样

8　结语

水泥土搅拌桩防渗墙具有墙体连续、施工效率高、造价低等优点，在堤防加固中得到了很好的应用。考虑到水泥土搅拌桩防渗墙施工过程中的影响因素较多，施工时应严格按照施工工艺流程，控制各种不利影响因素，使水泥土搅拌桩防渗墙具有更好的效果。

参　考　文　献

[1] 喻双林，胡祖华，李涛．水泥土搅拌墙在堤防加固工程中的应用 [J]．淮河水利科技，2008 (5)：37-38，49.

[2] 赵世来．水泥土搅拌桩截渗墙在黄河堤防加固工程中的应用 [J]．水利水电科技进展，2002，22 (2)：43-44，47.

浅谈装配式预应力混凝土箱梁体系转换的工艺应用

刘兴峰　李文波　吴鹏飞

【摘　要】当前，越来越多的“先简支后连续梁”结构应用于高等级公路或城市道路上的大中桥。该文详细介绍了霍山生态新城路网PPP项目大河厂至高桥湾至黑石渡公路工程中的双湾大桥，该大桥横跨淠河及其淠河两岸。全桥预制小箱梁共300片，上部结构采用30m、40m预应力混凝土（后张）箱梁，3～6孔一联进行体系转换，以装配式预应力混凝土箱梁桥梁体系转换。对该施工流程进行总结研究，可供类似的桥梁项目借鉴。

【关键词】装配式　简支连续梁　体系转换　张拉

1　引言

基于简支桥和连续桥双重优点于一体的装配式预应力混凝土箱梁桥设计，先采用简支结构，再向连续结构过渡。经公路市政桥梁施工工艺改进，实现了以批量预制生产梁或板的方式加快连续梁施工，并兼顾简支梁和连续梁桥型的优点，目前已实现大规模设计应用。在霍山生态新城路网PPP项目中，双湾大桥建设采用的是“先简支、后连续”的施工工艺。不仅克服了连续梁施工必须使用满堂式脚手架或支架大面积占用场地的问题，还保证了各工序的施工质量，做到安全、优质、快速地完成桥梁施工，确保了梁体线形优美、受力合理、行驶平稳，在经济效益和社会效益上都取得了较好的成绩。

2　工艺原理

在箱梁端部的负弯矩区域内，通过增加负弯矩的预应力束来完成简支系统向连续体系的转换过程。转换时需要在箱梁端部设置相应的临时支撑，以实现梁体受力体系的转换。实现桥梁结构顺利转换的关键一步是负弯矩区预应力束的张拉和临时支座的安装与拆除，这也是在“先简支后连续箱梁”桥梁施工中的关键工序。连续梁体系转换前每一跨梁板为独立体系，在梁板预制场预制好后，通过搬运、吊装等方式放置在桥墩顶部临时支座上，浇筑湿接缝、湿接头混凝土。在湿接头混凝土达到设计或规范要求强度后，施加预应力束负荷张拉，将连续梁转移到永久支座上，再将临时支座拆除，完成“简支”向“连续支”过渡体系的转换。

3　实施过程

按设计布设位置吊装完成梁体后，以“三孔一联”为单位进行体系转换施工，其施工工艺流程如图 1 所示。

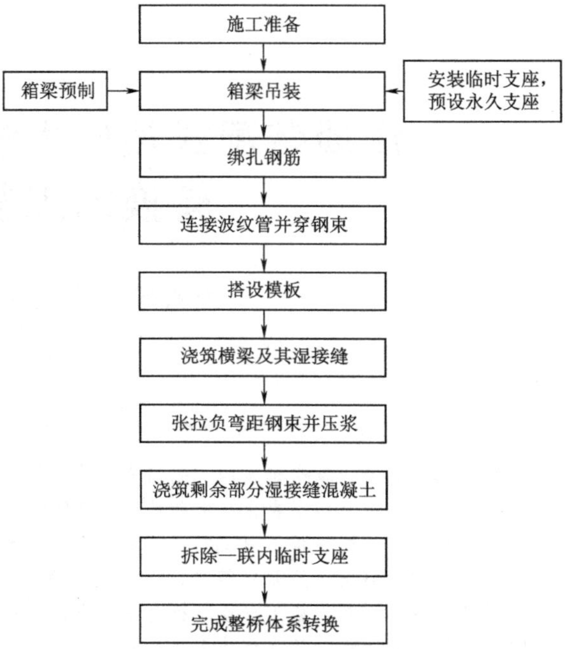

图 1　施工工艺流程图

3.1　施工准备

在梁厂内根据梁板设计图纸　按照《桥梁预制专项方案》进行主梁预制工作，在完成梁板预制后，组织技术人员编制《桥梁吊装专项施工方案》并通过评审小组的评审，施工前依据《桥梁吊装专项施工方案》组织箱梁吊装管理人员、各工种施工人员进行技术交底，根据现场施工计划准备吊装机械及器具，并进行必要的检修和维护。

临时支座测量放线吊装箱梁前应对临时支座位置进行精确定位。为了保证箱梁顶面高程达到设计要求，测量人员在进行横梁与湿接缝施工前，必须对梁顶面高程进行再次验证，只有达到设计要求，下一道工序施工才能继续。

3.2　箱梁吊装

临时支座根据支座定位线安装（以砂筒为临时支座），并将永久支座安装到位。

按照《桥梁吊装专项施工方案》的要求，箱梁逐孔安装，放置在临时支座上，使之成为简支状态，及时将桥面板钢筋、横梁钢筋连接。

3.3　绑扎钢筋

为提高钢筋的施工质量，严格按照施工图纸和技术规范进行施工。钢筋应在加工厂预先将钢筋配料运到现场后一次绑扎成型，现场绑扎成型后严格按照图纸要求布置，并将水泥砂浆垫块设置在钢筋与模板之间，扎紧垫块并与钢筋交错，以保证防护层厚度。

3.4　连接波纹管并穿钢束

将墩顶负弯矩预留波纹管与金属波纹接头连接，将切割好的钢绞线按图纸要求穿入管内。波纹管是为防止浇湿接头时漏浆，影响钢绞线张拉，用胶带绑扎连接。

3.5　搭设模板

支座垫石区域为砂垫层，其他区域的横梁底模则采用竹胶板。铺底模时，在底板和方木之间加一个三角木楔，厚 5cm。这样做既能调节底板的高低，又有利于敲掉木楔子，落下支架时，支架受到两梁体自重作用而下落，底模拆卸起来比较方便。在铺设砂垫层时，围绕支座将垫石铺满整个基座，填充密实，其高度要比支座顶部略高一些，以抵消砂层受压后的下沉。湿接头及湿接缝处用模板悬吊法施工，采用 12 号螺栓将底板悬挂在槽钢上，松开螺栓时，底板便自然下落。

3.6　浇注横梁及其湿接缝

选择日温度最低时段现浇 C50 混凝土，连续浇筑连续接头、顶板负弯矩束同长度范围内的横梁及其两侧的湿接缝。混凝土由泵车输送至模架内。浇筑时使用插入式振捣器振捣，并采用分层斜坡式浇筑方式。振动棒应快插慢拔，严禁碰撞模板、钢筋埋件等部件。振捣至混凝土停止下沉，气泡不再冒出，表面呈现平坦状。初凝后应进行喷水养护，保证养护时间不短于 14d，使混凝土表面保持湿润。日光强烈时，为防止太阳曝晒造成干缩裂缝，可用土工布遮盖。施工现场浇头序列如图 2 所示。

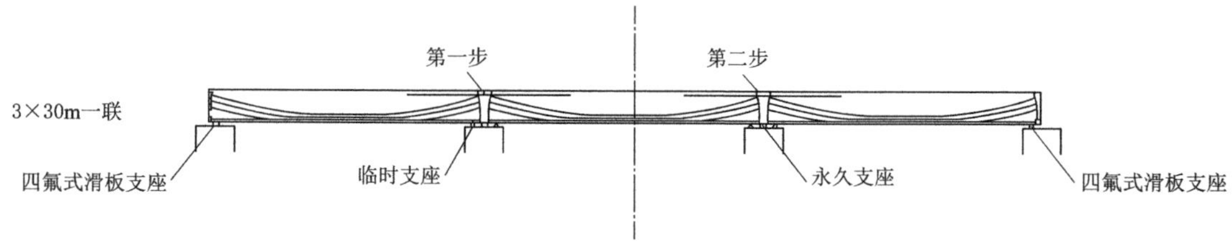

图 2　施工现场浇头序列图

3.7　张拉负弯矩钢束并压浆

顶板负弯矩预应力钢束的张拉必须满足接缝混凝土达到设计强度的 90%，且不得少于 7 天的要求张拉完成后进行水泥浆注浆和封锚施工。

3.7.1　张拉

（1）钢绞线的准备。根据计算结果确定预应力钢束下料长度，下料时可采用切割机或砂轮锯断料，需综合考虑锚具厚度、千斤顶长度、张拉伸长值及工作长度等因素。

（2）锚具、夹具的准备。按设计要求选用锚具、夹具，以保证锚固性能可靠、承重能力强、适应性好。锚具产品应与其配套使用的结构或构件相同，选用同一生产厂的产品。进场锚具须委托有相应资质的检测单位按照规范要求进行检测。

（3）张拉机具的准备。张拉操作使用的千斤顶和相应的油泵、油表，需满足计算的控制吨位要求。检查所需配套设备（如千斤顶、油泵、油表等）后方可进行张拉作业。油表的进油、回油曲线是根据千斤顶的工作状态和施工安全需要，并结合油表的校验数据绘制而成的，且以此作为拉力控制的基础。千斤顶使用过程中，如在检测期内出现不正常现象，需再次校准。当千斤顶、油表使用频率达到 300 次以上或停用时间超过 6 个月时，需要重新校准。

（4）张拉方式及顺序。采用逐根对称单根张拉的预制梁负弯矩钢束，双控张拉，锚下控制应力为 0.75fpk，即 1395MPa。负弯矩张拉顺序如图 3 所示。根据图 3，负弯矩张拉顺序依次为 T_3、T_2、T_1。

（5）张拉的操作步骤和方法。张拉校核伸长量主要以控制应力为目标，分级张拉量的取值按伸长值确定，其控制方法为：0→0.10（初应力，量伸长值）→0.20（量伸长值）→（持荷 5min）→补足张拉力（最先锚固端伸长量）→先锚固端锚固→后锚固端补足张拉力（量取伸长值）。计算伸长值时 0→0.10 的初应力伸长值以 0.10→0.2 的伸长值计入，再加上 0.10→1.0 的伸长值作为最终伸长值，即实际伸长值。

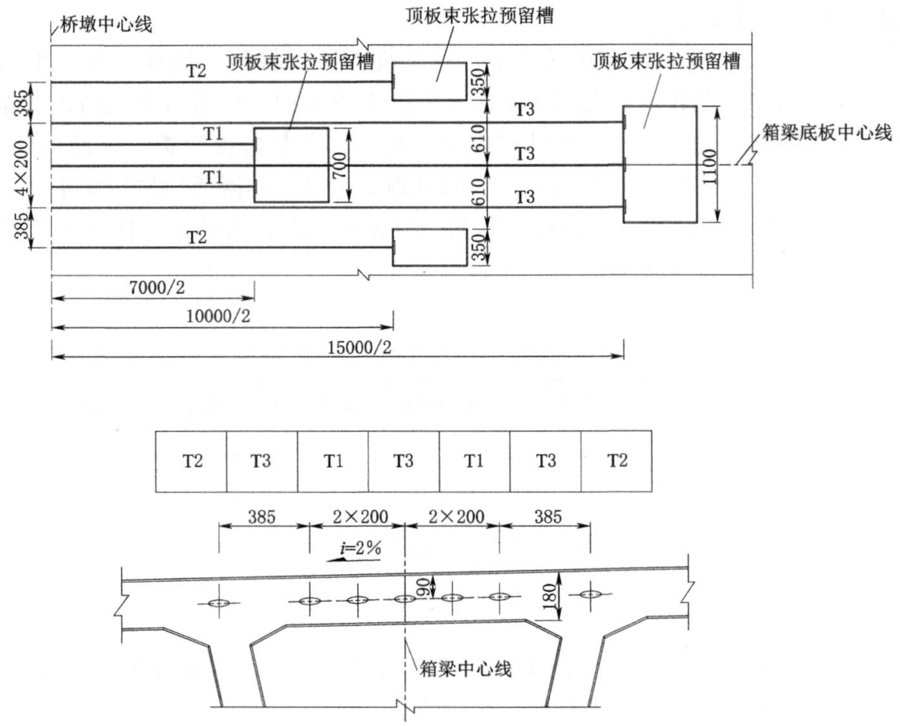

图 3　负弯矩张拉顺序图（单位：mm）

（6）张拉应力的校核。张拉应力核校采用双控法，即在张拉过程中，根据钢绞线的伸长值，通过应力和应变的双重控制，对应力进行校准和控制。实测伸长值与理论伸长值的差值，必须在±6%范围内，否则需停止张拉，直至查明原因并提出解决办法。

3.7.2　压浆

（1）配置浆液。压浆注浆宜使使用专用配浆剂配置的浆液或专用的浆液。施工前，应先由试验室制定适宜的配合比，并严格按配合比在施工过程中配料搅和。

（2）压浆方法。主要包括以下 6 条：

1）采用活塞式灰浆泵。灰浆泵在压浆前试开一次，正式开始压浆时取压力为 0.5～0.7MPa，以达到所需压力，确保运转正常。

2）压浆前先用压力水冲洗孔道，防止管路中的碎粒堵塞出浆孔，从一头压入压力水，从另一头将压力水排出。

3）压浆要慢，要均匀。邻孔压浆作业最好连续完成，以免移至邻孔时水泥浆已凝固，造成孔道堵塞。

4）由一端压入，待浓浆均匀地从另一端冒出后，用木塞塞住，并适当加压，使压力保持在不低于 0.5MPa 的稳定状态，维持时间超过 2min，再将喷头从浆洞中拔出，立即用塞子封死。

5）立即检查压浆后的密实情况，如发现不够密实，需及时处理。

6）压浆过程中若出现故障，压浆不能连续完成，应马上用压力水清洗孔道，然后重新压浆。

3.8 浇筑剩余部分湿接缝混凝土

浇筑剩余部分湿缝混凝土，这样就完成了各个梁体之间的连接。

3.9 拆除一联临时内支撑，完成整桥体系转换

砂筒临时支架在完成湿接头、湿接缝等全部工序后移除，以保证每个永久支架都能完全承载荷载，完成由简支桥到连续体系的转换。

拆除临时支架时，注意横向卸载要对称，从中间到两边，同片梁上的临时支架同时拆除。转换系统后，为了保证支座的正常使用，彻底清除周边模板等杂物。

4 施工质量关键点控制

（1）在钢筋加工使用前，审查钢筋出厂材料合格证、复验报告单，检测其外观质量，去除表面油渍、漆渍、锈垢、鳞锈等，确保其与混凝土的握力和包裹性。

（2）模板的结构尺寸要准确，模板支撑牢固，接缝紧密、平整，不能有离缝，不能有左右错缝，也不能有高低错缝。

（3）预制梁混凝土的实际强度达到设计标号的85%后，才可以进行预应力钢束的张拉，且需在两端同时进行张拉作业，采用顶锚的方式进行。预应力钢束拉伸实行双控，即张拉力与伸张量同时管理。孔道灌浆在张拉完成后立即进行，同时要注意控制存梁期不能过长，一般控制在60d之内即可，这样可以避免预制梁上拱度过大。预制梁存在年龄差异，容易与现浇的桥面混凝土产生过大的收缩差异，因此存梁期间，还需要密切注意梁的累计上拱值。

（4）混凝土铺装采用平铺的方式，铺装厚度要严格控制，控制在30～40cm之间。

（5）将符合设计要求的金属波纹管在预应力管道成型时使用，投入使用前需要逐根检查，不允许使用存在锈迹、油污、撞击、泥土、压痕、裂口或撞击过的波纹管。

（6）钢绞线弯折部分采用圆曲线过渡，要求管型圆滑，曲线段每隔500mm设置一组定位钢筋穿入预应力钢束波纹管，直线段每隔1000mm设置一组。顶板负弯矩每隔1000mm设置一组定位钢筋。

（7）预制箱梁时应提前将顶板负弯矩钢束的钢波纹扁管预埋，安装箱梁后，对接相应的扁管，再浇筑连续接头段。

（8）预制箱梁时负弯矩张拉槽口处箱梁顶板下部的纵向、横向钢筋切勿切割，与张拉负弯矩钢束有关的钢筋，也不要随意截断。

（9）施工中需要确保锚垫板垂直于预应力束，将垫板的中心对准管道的正中央。管道密集部位、锚固区域，应加强混凝土的振捣与养护，以保证混凝土质量。

（10）安装锚具时要注意锚板与垫板止口对齐，将夹片装好并均匀打紧，与其外露部分保持一致。千斤顶上的工具锚孔位需要对应构件端部的工作锚孔位排列，以免钢绞线在千斤顶穿心孔内打结。

（11）滑丝、断丝处理：在张拉过程中，需限制断丝和滑丝的数量，将每束钢绞线的断丝或滑丝控制为1丝。避免各种原因引起的预应力断筋或滑丝现象，致使预应力筋力不

均匀。每个断面断丝总和比例不大于该断面钢丝量总量的1%。

(12) 钢绞线施工过程中严禁电弧焊切割，可使用切割机或砂轮锯，且注意切割时浇水冷却，避免过热。

(13) 结构中最薄弱的地方就是湿接头混凝土接合部，一定要做好凿毛处理，以保证新老接合部紧密无缝衔接，因而精心处理湿接头部位十分关键。同时，由于该部位钢筋密布，波纹管密布，在浇筑湿接头混凝土时采用小石子混凝土分层并认真振捣浇筑。

5 施工优点分析

在地基条件较好时，以吊机安装，则投入量小、机动灵活；采用架桥机安装，则安装简便和程序化；组合工字梁同等跨径梁相比优点有：结构高度低，扭力刚度大，对混凝土收缩、徐变及支座沉降不均的影响较小等。

预制梁采用标准构件在工厂进行生产和管理。在厂内张拉简支梁预应力钢束，有利于技术操作与分析，在主梁上进行预应力钢束布置和负弯曲矩区张拉，模板可重复利用，减少机械和人力成本。同时，在桥梁下施工时，可以边施工边生产，这样既省时又省力，使工期加快，在提高经济效益的同时又不影响地面通行，从而避免了预应力钢束张拉对地面的影响。

采用先简支后连续施工的方式，解决了裂缝、预应力、非预应力结构使用普通钢筋连接变形及应力不协调等问题，通过强化主梁连接处负弯矩区的应力储备，以提高桥梁结构的连续性，使其安全性、耐久性明显增强。

体系转换过程中预制混凝土的龄期较早，先简支后连续体系的完成要经历2～3个月，在主梁预应力纵筋不产生次力矩的情况下，收缩和徐变对结构的不利影响较小，因而预制混凝土有利于桥体结构设计及实施。

6 结语

桥梁的梁板预制件采取标准化构件，由工厂统一生产和管理，可提高操作效率，不仅可以加快预制速度，降低管理成本，还可以实现主梁构件在墩台施工时同步预制。利用先简支后连续桥梁连续梁的优越性能，不仅节省了施工时间，缩短了工期，避免了大量的脚手架搭设，有效地节省了施工成本，而且在施工实践中实现了良好的社会效益和经济效益。总结装配式预应力混凝土箱梁体系转换施工工艺，可为同类桥梁施工提供参考和指导。

参 考 文 献

[1] 邵亮. 探析装配式预应力混凝土箱梁体系转换的施工 [J]. 装饰装修天地，2018 (19)：47，312.
[2] 崔会平. 谈简支变连续桥梁体系转换施工工艺 [J]. 山西建筑，2011，37 (33)：169－171.
[3] 李晓杰. 先简支后连续箱梁体系转换施工工艺初探 [J]. 中国新技术新产品，2012 (5)：47－48.

浅析市政道路检查井施工技术要点

刘祖志　王广府　叩梦遥

【摘　要】 近年来，伴随着我国基础设施的高速发展，市政道路的建设规模也在逐年增长，其中市政排水工程是市政道路工程的重要组成部分，对于城市道路的稳定性、安全性和美观性都起着至关重要的作用。目前，市政道路检查井施工还存在一定的问题，造成市政道路路面平整度较差，影响道路交通的舒适性，并存在一定安全隐患。本文以亳州市三清大道（东绕城快速）PPP项目为例，分析市政道路检查井的现状及施工中存在的问题，分析和总结施工技术的相关要点，提出市政道路检查井施工质量控制措施。

【关键词】 市政道路　排水工程　检查井　施工技术

1　引言

亳州市三清大道（东绕城快速）PPP项目为规划中的亳州市东外环工程，南起S309线，北至G311线，全长14.12km，全线采用一级公路标准（兼城市主干路功能）。与传统检查井施工不同，该项目检查井采用现浇钢筋混凝土检查井，检查井井盖采用可调式防沉降井盖，其中检查井位于机动车道上时，采取宽边铸铁井圈加固措施，能有效抑制检查井周边路面的不均匀沉降，保证道路通行舒适度。

2　市政道路检查井现状

2.1　市政道路检查井概述

市政道路检查井即市政工程排水检查井，顾名思义就是用来检查排水系统的井，通常有砖砌结构、预制混凝土结构和现浇钢筋混凝土结构等形式。它是市政排水系统中的重要控制点，通常建在管道转弯处、交叉口、坡度变化处等位置，其主要作用有以下几个方面：

（1）排放物的拦截和过滤。检查井可以将进入排水系统中的大颗粒物、杂物、沉淀物等拦截下来，防止进入下游处理设施，对排水系统起到保护作用。

（2）排放物的监测和控制。通过检测检查井中排放物的水位、颜色、味道等特征，对排水质量进行监测，及时掌握排水系统的运行情况，并采取控制措施保证排水质量符合要求。

市政道路检查井属于市政工程的附属结构物，其埋深和走向都有严格要求。由于城市道路的复杂性以及受道路车流量的较大影响，市政道路检查井容易受到挤压损坏，这就对检查井施工过程提出更高的质量要求。

2.2 市政道路检查井对道路的影响

目前，在市政道路检查井施工过程中，施工单位技术水平、相关单位监管不严等原因，导致检查井施工细节处理不到位，致使检查井施工不符合设计及规范要求。在道路建成投入使用，并经过一段时间的运营后，检查井周边路面受到车辆重力和动荷载作用的共同影响下，路面会出现不同程度的下沉和开裂，给城市道路造成较大的安全隐患，若不能及时修复，安全隐患将持续扩大，这不仅影响了车辆的行驶安全，还对驾驶平顺性和乘客舒适性产生影响。同时，振动效应也对路面施加冲击力，从而加剧对路面和汽车零部件的损坏。

3 市政道路检查井问题形成原因

市政道路检查井是保证道路排水正常运行的重要部分，检查井的不均匀沉降以及路面开裂等问题，不仅影响了道路的美观，更对行车安全和社会公共设施的正常运行造成了威胁。主要原因包括以下几个方面：

3.1 检查井井体施工不规范

（1）砖砌检查井。传统砖砌检查井需要工人逐层砌筑，施工周期较长，施工质量受工人技术水平影响较大。在实际施工过程中，工人水平参差不齐以及监督管理缺失的问题，导致检查井砌筑不符合设计及规范要求，造成检查井砌筑质量不合格，留下质量及安全隐患。

（2）预制混凝土检查井。预制混凝土检查井目前运用较为广泛，检查井的制作可以在工厂中进行，当现场需要时，直接运输到现场即可安装，可以降低施工难度，提高施工效率，在施工过程中，管道接入高程、方向等精度要求较高。另外预制混凝土检查井井体与接管连接部位密封性要求较高，与大管径管道连接时，往往出现密封不严密等情况，造成检查井周边土体被涮空，从而导致路面不均匀沉降以及开裂等现象发生。

3.2 施工管理缺陷

作为市政工程附属结构物，目前，许多施工单位忽视了检查井的施工和管理，缺乏思想意识，导致施工过程中出现了不同的质量缺陷和问题。特别是在地质条件较差的地区，管理工作的疏忽，对地基处理不到位，导致地基稳定性大大降低，井体也会出现不同程度的沉降。另外，在进行检查井回填作业时，材料的稳定性也是影响市政道路检查井施工质量的重要因素之一。

3.3 检查井井室回填不规范

检查井井室周边的回填是排水工程的一个重要环节，回填和碾压的质量直接影响着该检查井以及道路结构层的稳定性和质量。但是在实际施工过程中，往往受到工期、人员、机械等因素的影响，回填和碾压工序没有达到设计及规范要求的密实度，造成周边回填土的承载力和整体性降低，进而导致路面产生不均匀沉降。此外，在检查井井室周边回填过程中，井室回填部位较窄，大型压路机难以开展全方位、细节性的碾压施工，留下安全质量隐患，也是导致检查井井室回填不合格的一个原因，从而直接影响检查井质量以及道路的正常使用。

3.4 检查井井盖安装不规范

在市政道路使用后，检查井井盖及周边路面长期受到汽车和行人的荷载作用，使其结构受到一定程度的挤压而发生缓慢变形。最开始多为轻微变形或者裂缝，随着时间的推移，轻微裂缝会慢慢向四周蔓延，最后发生碎裂、路面下沉现象，造成路面积水。积水过多时就会透过沥青面层渗透到路基里面，加速道路基础破坏，严重影响道路路基整体性，并且会对检查井的使用造成影响。所承受的压力累积到一定程度，结构便会发生破坏，造成检查井坍塌。因此在检查井井盖、井圈安装过程中，要综合考虑市政道路的横坡和纵坡，安装过高或过低，都会造成车辆跳车，使检查井承受更大的压力和冲击力，最终造成检查井及路面损坏现象。

4 市政道路检查井施工质量控制措施

4.1 强化施工管理工作

在检查井施工中，应控制施工过程：①明确工程质量和安全的重要性，建立员工责任制，加强施工人员之间的沟通，施工前做好技术交底工作；②控制检查井的混凝土质量，严格按照设计要求施工，做好管道与检查井的连接处、检查井与盖板的搭接处等的细节处理；③严格规范施工检查工作，施工结束后，全面检查施工的各个方面，对施工过程中的人员和材料安排严格管理，及时解决出现的问题，确保施工安全。

4.2 严格控制施工原材料

该工程为现浇混凝土检查井，应重点关注混凝土的配合比和运输工作，制定科学合理的混凝土配合比以及运输路线，保证其均匀性，增强混凝土的质量。

在施工过程中，应强调材料对工程质量的重要性。水泥、砂石、钢筋、铸铁井盖等是市政道路检查井施工的主要材料。各种材料应严格按照规定的标准进行检验，安排专人验收并做好记录，确保材料的各项指标符合设计和规范要求，充分发挥其自身性能。

4.3 提高检查井基础施工质量

在检查井基础施工前，按照设计及规范要求，对地基进行承载力检测。如果是天然地基，应保持原状土结构的整体性，遇到软土地基时要事先进行基础处理，确保检查井基础符合施工要求，达到检查井承载标准，然后进行检查井基础施工。

4.4 加强检查井四周回填质量控制

检查井周围的回填质量直接影响市政道路路基结构的整体性和稳定性。先控制检查井中混凝土的强度，一般来说，检查井的回填施工只有在混凝土强度达到75%以上时才能进行。检查井周围采用小型机械回填，常用且有效的回填方法是在检查井周围使用级配砾石、碎石、水稳性碎石等压实系数较小的材料。在回填过程中，还应根据施工工艺和相关规范严格控制每层回填的厚度，以确保回填的质量，这是防止回填区沉降的有效方法。

4.5 改进检查井井筒施工方法

目前，市政工程往往采取大型机械与人工相结合的施工方法。在市政道路路基和检查井施工中，检查井的建设与路基压实工作同步进行，以确保施工进度和质量。路基施工前，应以路基顶标高为标准，并将检查井拆除至顶标高以下 20cm。在井筒施工中，需要覆盖一块直径通常为 100cm 的定制圆形钢板盖板，并用全站仪对其编号，采用 GPS 定位，记录和保存相关数据，以便在后续升井过程中快速定位和检查检查井。对盖板覆盖的回填土进行检查后，进行路基平整和碾压施工，以提高路基的平整度、强度和硬度。

4.6 检查井井盖安装

根据 GPS 定位数据，找到检查井圆心之后，使用切割机在水泥稳定碎石基层切出一个直径为 1.5m 的圆形口，将圆形内铺筑好的水泥稳定碎石拆除。沥青面层施工前安置预制混凝土调节环，调节环与井圈之间采用高强度（聚合物）水泥砂浆找平，砂浆抗压强度不低于 M10，并用膨胀螺丝锚入井筒进行固定。将井圈放入调节环，确认调节环高度是否满足施工要求，为保证井盖安装到位，必须保证底座框的底部处在调节环内的位置，然后在圆形口内绑扎钢筋骨架，浇筑 C30 细粒式混凝土，浇筑过程中时刻测量检查井井盖高程。混凝土完全凝结后，为增强混凝土与沥青面层的黏结性，需采取拉毛处理，最后喷洒乳化沥青，完成沥青面层摊铺。沥青混凝土路面宽边防沉降井盖安装示意如图 1 所示。

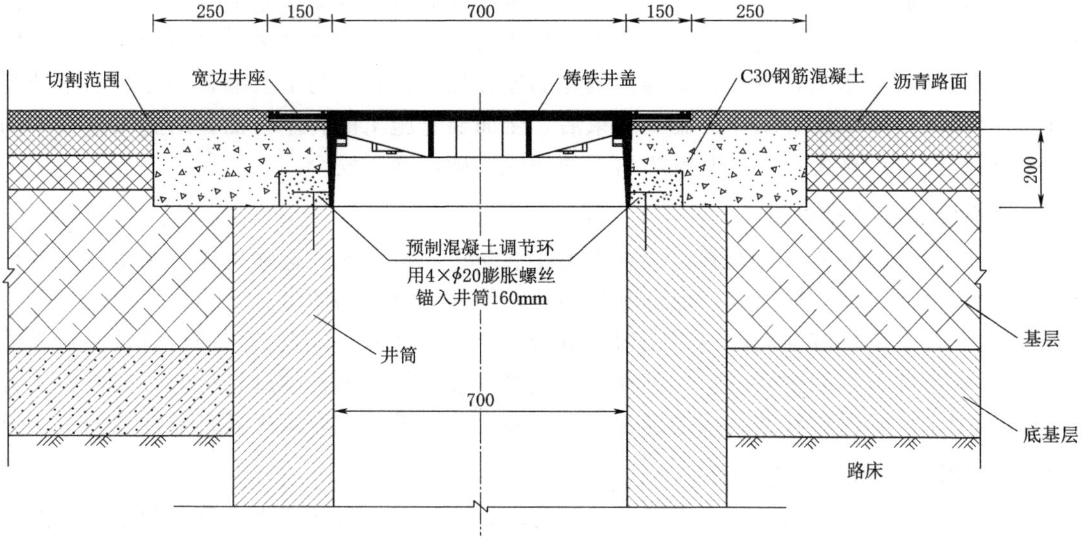

图 1　沥青混凝土路面宽边防沉降井盖安装示意图（单位：mm）

5　结语

市政道路检查井及周边路面下沉，既是检查井质量因素造成的，也与路基压实、检查井周围积水、施工工艺等因素密切相关。面对不同的问题，应从根源入手，分析问题产生的原因，才能找到合理有效的解决方案。市政道路检查井施工是市政基础设施施工的重要组成部分，采取合理有效的检查井施工工艺，可以保证检查井施工质量，增加市政道路的使用年限。以上对检查井施工技术的研究和探讨，希望能在今后的市政道路建设中起到借鉴作用。

参 考 文 献

[1] 张晓妹，张玉聘．市政道路检查井施工技术要点分析 [J]．汽车世界，2019（10）：119－120．

[2] 邓飞．浅析市政道路检查井施工中质量控制的问题 [J]．中国高新技术企业，2016（23）：125－127．

[3] 张珣，王志芬．市政道路检查井安装施工质量通病防治 [J]．市政技术，2017，35（5）：41－43．

浅析新型生态挡墙施工技术及质量管控措施

黄小恒　赵本建　马俊杰

【摘　要】新型生态挡墙工程包含钢筋混凝土基础、土工布隔离层、卵石反滤层、生态挡墙砌筑及混凝土压顶等施工内容。本文结合某渠道护岸工程实例，浅析了新型生态挡墙技术在渠道施工中的应用及其采取的有效的质量管控措施。

【关键词】新型生态挡墙　施工技术　质量管控　措施

1　引言

新型生态挡墙作为水利工程中一种新型材料的砌体，因其自重轻，对地基、基础要求低，且能达到挡土、防水流冲刷的多重功能等优势，逐渐代替传统的刚性挡墙，应用于渠道、堤防、山塘陡坡的防护。某水利渠道护岸项目主要建设内容为渠道左右岸新型生态挡墙砌筑，排（灌）渠长 21km，新型生态挡墙砌筑工程量为 28860.24m^2。生态挡墙施工技术是保证该项工程质量的重点，加强质量管控更是确保渠道护岸工程整体质量的关键。

2　新型生态挡墙施工技术

渠道护岸新型生态挡墙是一种具有植生条件的生态植混护坡柔性结构墙。这种新型的组合重力式结构墙，主要依靠挡土块块体、滤水填料、加筋材料和墙后土体连接构成的复合体自重来抵抗动静荷载，达到稳定的作用。该工程属渠道护岸工程，由新型生态挡墙、钢筋混凝土基础、滤水骨料、钢筋混凝土压顶和加筋土料等构成。地基土上设置钢筋混凝土基础，在加筋土与生态挡墙之间填筑滤水骨料，挡墙的顶部设置混凝土压顶，最终在完成的墙体抗剪切孔中间填充微生物载体。

2.1　地基和垫层施工

根据设计图纸进行测量和施工放样，标出坡脚基础开挖线，按照开挖线进行基础开挖，严禁缩小开挖断面。开挖过程中严格控制基础槽底标高，确保基础高程符合设计要求。基础模板采用木模进行支护并浇筑，每隔 15m 设一坡度控制点，确保基底与顶板平整。导梁模板按顶面、底面、侧面的顺序支模，模板连接处缝宽不应超过 1mm。梁模支架完成后安装钢筋，最后进行基础浇筑。新型生态挡墙基础采用 C20 混凝土浇筑，地基承载力要求大于 120kPa。有低液限粉土、淤泥质土时，需对地基进行置换，抛石进行强夯处理。施工中须找平基础面，做 3cm 厚砂浆垫层，用振捣器振捣基础，保证垫层平整、密实，以确保第一层生态挡墙安装平整，且能紧贴垫层材料。采用插入式振捣器振捣混凝土时避免触碰钢筋及模板，振捣器开始转动后才可插入混凝土内，振捣完成后缓缓提出，切不可等停转后再拔出。基础上表面前端浇筑一条凸起的带状垫层，后端预制一条带状凹槽，以确保第一层生态挡墙的位置与走向。

2.2 导梁后方回填及首层土工布铺设

导梁后方填土宜采用分层回填夯实，采用小型运输工具沿导梁纵向均匀抛撒、平铺回填粉砂质粒状黏土料，土料最大颗粒不得超过 50mm，铺设一层压实一层。回填、压实均沿挡墙纵向进行，严禁由斜坡向挡墙方向进行平铺式回填。填土时，不允许车辆在未经压实的加筋体上行走，压实机具行走方向平行于导梁，回填材料含水率应控制在最佳含水率±3%范围内，每层松铺厚度约为 0.18m，采用后退法反复夯实，保证夯径互相搭接，避免漏压。根据试验测得的压实遍数碾压，确保压实度满足设计要求。回填时距导梁顶面约 0.1m 处暂停填土，在导梁顶面铺设首层 300g/m^2 的反滤土工布。土工布应事先裁成设计要求的长度，紧贴于导梁顶面并沿墙后竖向压贴 10cm，确保无间隙，摆放时应拉平绷紧并用锚钎固定在下方碾压土层上，导梁顶面横向预留 50cm 宽土工布。再回填土料至导梁顶面时，回填土前端距挡墙后立面 3m 处，坡脚呈 20°放坡，满足反滤层设计要求。后续施工中土方回填并夯实至首层挡墙砖顶部时，将导梁顶面横向预留的土工布拉紧返折至墙后首层回填土顶部。导梁后方填土及首层土工布施工示意如图 1 所示。

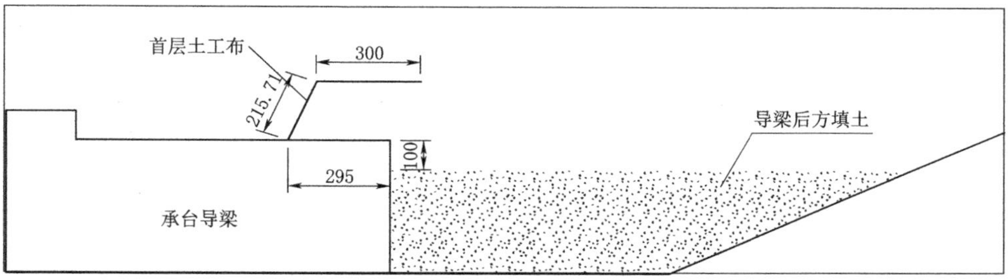

图 1　导梁后方填土及首层土工布施工示意图（单位：mm）

2.3 生态挡墙砌筑及土工布铺设

导梁上砌筑首层生态挡墙时，要确保基础面平整、上列砖高程精准、上层砖稳固，并与导梁顶面完整接触。所有的砖块都应按设计的标高和方向进行摆放，采用上下层错缝垒砌的方式，无砂浆施工。根据后缘引导线确定上层砖块的位置，上层砖块的缘槽要卡住下层砖块后沿，凹凸咬合互锁，增加接触面的剪切强度，并依靠块与块之间的嵌固作用、墙身重量和加筋土重量来防止其滑动并保持稳定。利锚固棒在上下两层预留孔的插销连接来提供附加的抗剪强度，从而提高挡墙承载水平推力的能力。插入锚固棒时，直线施工时小孔对小孔，曲线施工时上面肾形孔对下面小孔。

首层砖块相邻两列分别采用辅助砖块（厚 150mm）和主砖块（厚 285mm）砌筑，即摆砌一块辅助砌块，沿墙纵向摆砌一块主砖块。砌筑时应先摆放辅助砖块，将其顶板外面紧贴于导梁凸起的内壁，然后将主砖块翼板顶面与辅助砖块的翼板底面相贴。砖块铺嵌于凸起的带状垫层与带状凹槽之上，确保其与混凝土基础完全接触。砌筑上层生态挡墙，墙体大面积砌筑时均采用主砖块，每层砌筑高度相同，即可维持首层砖块砌筑时产生的相邻砖块高差，以达到结构互锁的效果。砌筑上一层砖块前，应先清理下层面的杂物，确保安放上一层砖块时嵌缝咬接以形成抗剪连接。顺墙向砌筑时，宜将施工面留置为阶梯状，以方便后续施工时砖块间的咬合。顶层砌筑方式与首层相同，首层为辅助砖块（厚 150mm）的，顶层亦为辅助砖块（厚 135mm），该列砖块共 7 层；首层砖块为主砖块的，顶层亦为主砖块，该列砖块共 6 层。距已砌筑好的挡墙墙后 600mm 处开始铺设土工布，平面铺设 300mm，预留 730mm 以备填土后反卷至该层填土顶面。

2.4 墙后反滤卵石填筑及墙后填土

新型生态挡墙墙体后增设粗骨料排水层，以减少墙后水压力的作用。为确保墙体稳固，墙后反滤卵石填筑必须与挡墙砖块砌筑同步施工。卵石填筑于干垒新型生态挡墙和土工布之间，卵石填筑宽度为 220mm（从新型生态挡墙打孔前段计算），卵石粒径要求在 20～40mm。墙后反滤卵石作为排水骨料，填筑前应对卵石粒径进行检测，满足粒径要求的排水骨料经过清洗且不得含有草根、树叶等杂物后方可填筑。排水骨料填筑必须与每层新型生态挡墙砖块砌筑同步，逐层平起施工，严禁先放几层生态挡墙砖块，再集中填筑反滤卵石。回填后的反滤卵石，采用平板夯实机振动密实，保证压实度不低于设计要求，同时避免夯实时造成土工布破坏。压实完成后，表面应拉线找平，以满足其填筑高度始终与已垒砌的生态挡墙顶面齐平。墙后填土压实度要求同导梁后方填土要求。生态挡墙砌筑及墙后反滤卵石填筑示意如图 2 所示。

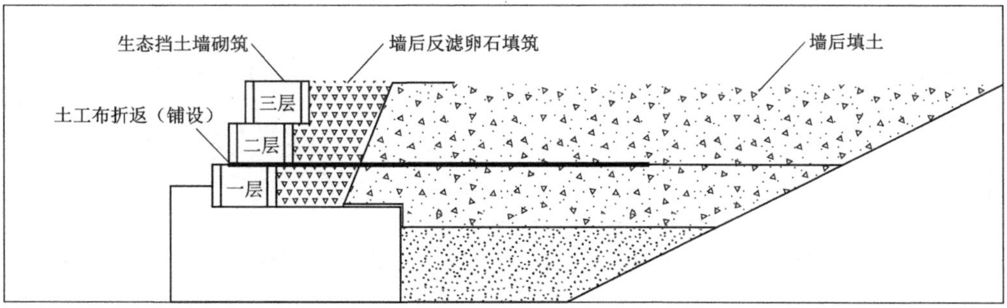

图 2 生态挡墙砌筑及墙后反滤卵石填筑示意图

2.5 混凝土压顶浇筑

生态挡墙压顶采用现浇混凝土，以 C20 细石混凝土浇筑。混凝土压顶施工前先支好模板，模板支设应优先选用钢模板，在转弯处使用木模板顺弯。模板应拥有足够的强度，能承受混凝土浇筑时的侧压力和振动力，并能牢靠地维持原样不变形。模板表面应光洁平整，接缝严密。钢筋绑扎严格按图纸要求进行，规格、尺寸及数量符合设计要求。主筋采用 HRB335 钢筋，箍筋采用 HPB235 钢筋。钢筋接头采用搭接的方式焊接，并按规范要求抽检并取样复试。绑扎钢筋前须对挡墙顶面进行清理并浇水，保持顶面的平整湿润。分段浇筑混凝土，分段长度与伸缩缝的位置一致。压顶时，均每隔 15m 设置一道 2cm 宽的伸缩缝，用闭孔泡沫板嵌缝。混凝土应振捣密实，不得有蜂窝、麻面、孔洞及夹渣等缺陷。压顶混凝土轴线应平行于中心线，经压光三次成形后的压顶混凝土棱角应顺直、方正，圆弧面光滑平整。新型生态挡墙砌筑压顶浇筑如图3所示，典型横断面如图4所示。

图3 新型生态挡墙砌筑压顶浇筑

2.6 生态挡墙抗剪切孔填充

渠道护坡洪水位以下，抗剪切孔中填充8～15mm级配碎石与5～10mm的固定化微生物载体，载体填充于中间位置，载体周围填充级配碎石；洪水位以上，剪切孔中填充8～15mm级配碎石，以增加生态挡墙的抗剪强度。种植孔中填充种植土，栽种本土植物；水下部分种植水草，为鱼类生存提供保障；水上部分种植吸附攀缘植物，根系如同无数锚固棒通过生态孔起到锚固挡墙、护坡的作用。由此达到固墙造景效果，形成一套良性的净化水质的护坡挡墙生态系统。

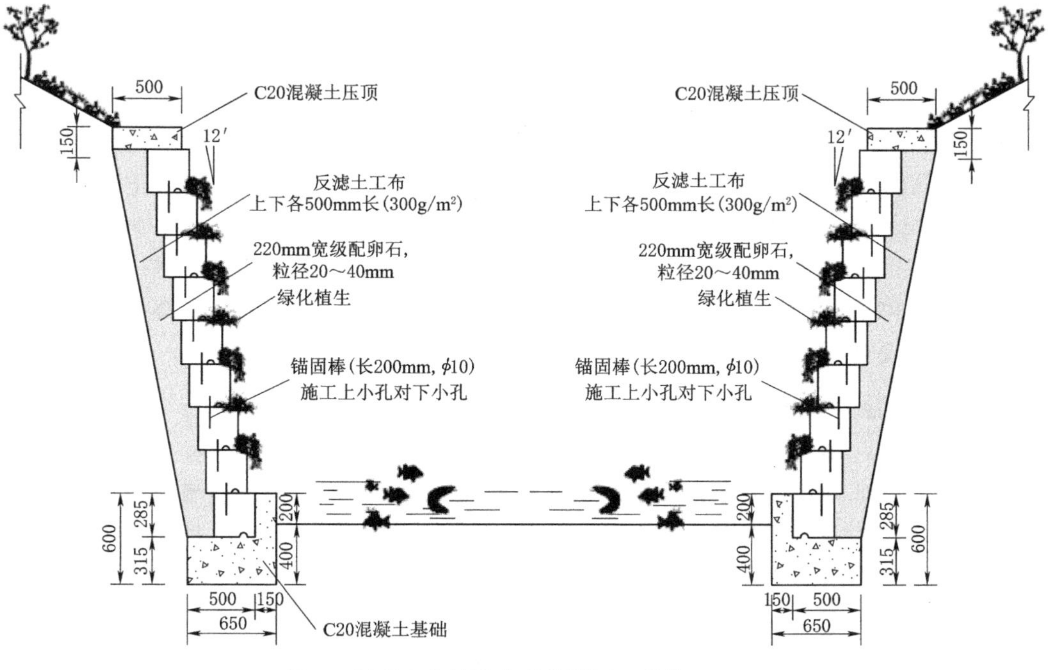

图4 新型生态挡墙典型横断面（单位：mm）

3 质量管控措施

3.1 生态挡墙砖块质量检验标准

该项目使用的新型生态挡墙砖块作为成品，厂家需提供产品生产许可证、质量合格证以及合格产品的技术指标。技术指标中的抗压强度、抗冻性、透水性以及外观尺寸必须满足设计要求。生态挡墙砖块的质量按照设计要求，对外观尺寸进行抽样检查，使得生态挡墙砖块的规格、质量得到了严格的控制。每批抽取100个检查点数进行检验，尺寸偏差不大于2mm的应达到95%以上，偏差在2～5mm之间的不能超过5%。抽检发现，尺寸偏差超过3mm，存在明显裂纹，掉角尺寸大于10mm或者有其他明显质量问题的数量超过5%，视为该批产品质量不合格，严禁在作业面使用，以确保从材料进场至砌筑完成整个环节规范施工。

3.2 各层砖块砌筑时施工质量控制

砌筑前，须对测量基准点进行复核，严格按照施工组织设计上的施工工艺进行施工。各层生态挡墙砌筑后，均需对砖体做纵向平直度和横向水平度检查，保证砌筑后的生态挡墙墙面在纵向和横向的尺寸偏差均为每2m不大于2cm。每层挡墙砖块砌筑完成后还应进行高程和垂直度检查，采用施工段两端拉标高控制线，砖块下用MU20砂浆找平的方法进行高程调整。每层砖块的砌筑质量均应严格控制，否则将影响上层砖块的砌筑质量。发现不合格工序应及时处理，合格后才能进行后续施工。各层生态挡墙砖块必须坐落稳实，一旦某层生态挡墙砖块砌筑高程、垂直度偏差较大，会对整列墙体高程产生影响，继而影响整体效果。

3.3 墙后填土压实度检查

检查排水措施，分层厚度控制在18cm左右，回填土最优含水量应控制在±3%范围内。每层回填压实后采用环刀法取样测定土的干密度，据此进行隐蔽工程验收并做好记录。填土按50m长度取一组试样进行相对密度检测，测定压实度，砂性土相对密度不应低于0.7，黏性土压实度不低于0.9。测定符合要求后才能继续回填上一层土料，回填施工后还应检查标高、边坡坡高。回填土夯实时应注意避免造成土工布损坏。为减少挡墙顶面的地表水渗入，在墙后填土的顶层应铺设约30cm厚的低渗水率黏性土料作为防渗层。新型生态挡墙砌筑时，每层回填土料的压实都需按上述工艺要求进行，并逐一进行压实度检测，频率均要满足规范要求。

3.4 护岸挡墙整体尺度及施工观测

砌筑过程中，用经纬仪、水准仪和钢尺分别测量每段挡墙（一般为15m）两端点和中间点位置，保证轴线位置与墙顶标高偏差控制在±20mm范围内。挡墙顶面高程、断面尺寸、轴线偏位、平整度经检测要符合设计和规范要求。采用新工艺进行位移或裂缝观测，在墙身贴上光学反光板，在空阔的地方设置永久观测点，用全站仪观测其位移的变化，以判定挡墙有无变形。另外设置3个永久水准点，埋设仪器螺栓点位，用三点法控制、检查永久水准点有无沉降，并在每段挡墙顶端设置固定的沉降位移观测水准点，在土方开挖、墙后回填过程中，对沉降位移进行定点观测和记录。沉降位移观测原则上每天1次，直至位移稳定，观测控制标准为4mm/d，若发生位移变化异常，应立即停止施工并采取支护措施。

4 结语

新型生态挡墙因兼顾了防护与环境保护两方面的功效，逐渐应用于各种生态治理工程。因工艺简单、质量易控制、施工周期短等优点，尤其能够进行自身适应性微调而不影响整体结构平衡的特点，新型生态挡墙正得到深度推广应用。

参 考 文 献

[1] 张学臣，程卫国，安少宾，等. 自嵌式挡土墙的计算分析与应用浅析 [J]. 水利水电技术，2011，42（11）：65－68.
[2] 李立睿，曾振兴，刘颖. 浅谈互嵌型生态砌块施工工艺 [J]. 环球市场，2017（21）：178－179.
[3] 徐文祥，刘红飞，施佳，等. 浅析生态砌块挡墙工程施工技术 [J]. 山西建筑，2019，45（16）：86－88.

水利泵站工程施工技术浅析

安永帅　任天旺　刘义光

【摘　要】随着城镇化建设的不断推进，许多老旧排涝区的防洪设施需要改造提升，水利排涝泵站由于其安全标准高、险情危害大等特殊情况，对排涝泵站施工过程中的技术与方案要求更高。本文以芜湖市竹港泵站建设过程中的施工技术为研究对象，对泵站围堰和地基穿插施工提出科学方案和工艺质量控制措施，提升了泵站的防渗质量和结构安全，可为类似防洪排涝提升工程提供参考。

【关键词】防洪排涝　围堰　土方开挖　搅拌桩

1　引言

1.1　泵站建设概况

竹港泵站位于芜湖市弋江区竹港河与青安江（青弋江分洪道）交汇口以北约 190m，站身布置在竹港河现状河道中，竹港河为荆山河与青安江的连接河，自桃木渡至李阜，全长 6.0km。泵站设计流量为 $53m^3/s$，装机 5 台套，单机容量为 1300kW，总装机容量为 6500kW。泵站主要由拦污闸、前池、泵房、汇水箱、封闭防洪堤、穿堤涵及出口防洪闸等组成。

1.2　泵站建设内容

竹港泵站枢纽建筑物主要包括排涝引水渠、拦污进水闸、前池、泵房及压力水箱、出水箱涵、排涝出水渠以及封闭堤、引水涵等。其中主要建筑物为 2 级，泵站穿堤涵、出口防洪闸为 1 级，次要建筑物为 3 级，临时建筑物为 4 级。

1.3　泵站施工特点

泵站施工区域位于竹港河与青安江交汇口以北约 190m 的竹港河内，拟建泵站场地范围内没有建筑物，地下也没有管网等设施，工程条件较好。

2　施工总布置

2.1　场外交通、场内临时道路布置

2.1.1　场外交通情况

该工程对外交通为陆路运输，站址处距离芜湖市弋江区约 10km，距离芜湖市湾沚区约 20km。G50 沪渝高速从工程区西侧经过，从 G50 芜湖南收费站口下经芜南路和 X009

县道可至工程区附近，经城南圩堤堤顶道路可至站址处，公路里程约为5.0km。城南圩堤顶道路为宽约5.0m的混凝土路面，X009县道路面宽8m，为沥青道路。工程所需设备及材料均可通过上述道路进场。

2.1.2 施工临时道路

场内交通道路布置以便利施工、避免相互干扰、与进场永久道路相结合为原则，并尽可能利用现有交通设施为该工程服务。

在竹港泵站左右两岸有现有堤防作为临时道路，上游围堰及下游围堰与左右岸堤防道路连接，形成环形循环道路。与上、下游围堰连接的道路为5m宽泥结石路面，路面长约1.2km，路面厚0.2m。竹港新站左右岸临时施工道路为7m宽泥结石路面，路面长约2.5km，路面厚0.2m。在泵站左右两岸各修筑一条下基坑路，为石渣路面，路面长约0.5km，宽7m，厚0.6m。

2.2 生产区布置

结合施工招标图纸和工程实际，计划在左岸空地布置生产区，生产区内主要布置钢筋加工场、模板加工堆放场、机械停放检修区、设备停放区、施工物资转运和存放区等。

2.2.1 钢筋加工场

该标段钢筋主要用于主泵房、灌注桩、压力水箱、前池底板和翼墙等，计划在生产区内布置钢筋加工场，负责本项目所有钢筋的加工和供应。加工场采用棚架结构，配备自动化钢筋加工设备。

2.2.2 模板加工堆放场

该标段使用模板的部位主要集中在泵房和压力水箱等主体结构、前池翼墙等部位。计划在生产区设置模板加工堆放场，主要用于模板加工及模板进场时、工程收尾时模板的临时堆放。

2.2.3 机械停放检修区、设备停放区

该项目施工设备较多，且分散在各施工作业面内，不宜集中停放，施工设备全部在施工现场停放，并安排专人负责看管。另外，在生产区内布置一处停车区作为挖掘机、起重机的停放和检修场地。在生产区内布置一处设备停放区，主要停放和检修自卸车、吊车等。

2.2.4 仓库

在生产区内布置一处施工物资转运和存放区，用于堆放复合土工膜、止水带、泡沫板等材料，以及小型生产工具及其他零星材料。

3 施工方案

3.1 围堰工程

围堰采用立堵法双向进占施工，由自卸汽车运输外购土方至麻风圩、城南圩靠近围堰堰址两侧位置自卸，再用推土机推土进占。在河岸侧优先形成戗堤，再在戗堤上继续卸土进占直至龙口合并。围堰合龙后，继续填筑到设计围堰高程并按施工规范要求完成围堰闭气。填筑料直接利用开挖料，堰体水下部分填筑料包括堰体石渣混合料、块石料。

通过分层摊铺碾压的方式对围堰堰体水上的部分进行填筑，层厚暂定为60cm。施工过程中，为保持各道施工工序的连续性，采用流水法进行施工。在对每层进行填筑时先要测量放样，确定填料的填筑边线，并采取双向立堵法进料，卸料时控制好高度，严防分离，离岸近的地方使用细石料进行填筑，防止出现架空现象。根据规定的厚度，使用TY220型推土机摊铺。摊铺完成后，使用25t振动平碾，采用进退错距法碾压。碾压时沿平行轴线方向，按照3～4km/h的速度行进，碾压轨迹搭接宽度大于0.5m。每一填筑段都要取样，经检验合格后，再进行下一层填筑。在堰体和岸坡结合处，采用BW75S（2t）手扶式振动碾碾压。

3.2 基坑土方开挖

3.2.1 基坑土方开挖施工方案

基坑各阶段挖土施工必须遵循“分层开挖、严禁超挖”的原则。在用机械挖土时必须注意，挖土深度严禁超过设计标高，不得破坏边坡，避免扰动开挖面以下的坑内土体。基坑四周严禁堆土或堆载，挖出的土方及时运走，严禁堆放在基坑附近。基坑四周设置截水沟、集水坑，配备水泵及时抽水，避免地表水流入基坑。截水沟边1m以内不得堆土、堆料，不得停放机械。基坑开挖时如发现土质与地质勘察报告不符或出现其他异常情况，要立即通知总承包、业主、监理、设计等有关人员研究解决。基坑开挖至设计标高，由建设单位、监理单位、勘察设计单位共同验收，验收合格后方可进行下一步施工。

3.2.2 搅拌桩施工方法

3.2.2.1 施工准备

施工前，进行现场勘测和测量，并制定详细的施工方案。同时，将现场清理干净，确保施工区域的安全。

3.2.2.2 制备搅拌粉

将预先准备好的水泥和砂按设计配比加入混凝土搅拌机中，启动搅拌机，将其搅拌均匀，制备出搅拌粉。同时，根据需要加入适量的水和辅助材料，调整搅拌粉的流动性。

3.2.2.3 双向搅拌

将制备好的搅拌粉通过喷射泵输送至立式双向搅拌机。控制好喷射泵和搅拌机的工作参数，使其形成适当的搅拌区域。然后，将立式双向搅拌机插入地层中，进行双向搅拌作业。根据实际情况确定搅拌的深度和间距，确保搅拌粉均匀分布。

3.2.2.4 搅拌后静置

搅拌作业完成后，将搅拌粉放在地层中静置一段时间，以保证其充分固化和硬化。具体的静置时间根据实际情况而定。

3.2.2.5 后期处理

搅拌粉静置结束后，对施工区域进行清理，并进行必要的修整和后期处理工作。同时，对施工结果进行检查和验收，确保施工质量符合要求。

3.3 泵房主要结构施工

3.3.1 混凝土工程

该工程钢筋混凝土结构较多，工程量较大，根据工程特点制定相应的钢筋混凝土工艺流程；为提高施工机械化水平、工作效率和工程外观质量，该工程以木模板为主，结合工程实际情况进行跳仓浇筑。箱涵混凝土施工主要包括垫层、底板、侧墙、隔墙、顶板和包箍等部位的混凝土施工。主要结构混凝土入仓采用混凝土输送泵车输送，混凝土拌和站至浇筑现场运输采用混凝土搅拌车。

3.3.2 混凝土施工

3.3.2.1 混凝土浇筑

（1）在土基上进行底板混凝土浇筑时，需要处理好排水，地基临时保护层需要在立模扎筋前完成，以避免破坏或扰动原土。

（2）结构物设计顶面混凝土浇筑完毕后，及时整平收光，高程符合设计要求，收光后须尽快对混凝土进行覆盖并洒水养护，覆盖时不能使混凝土表面受到破坏或污染。

（3）底板混凝土表面是无模混凝土，要保持表面的湿润，确保新浇混凝土表面不出现干缩裂缝，要及时在混凝土表面洒水或使用聚乙烯薄膜进行覆盖，以保持混凝土表面的湿润，减少水分蒸发。

（4）无模混凝土表面平整度控制在10mm以内（2m靠尺）。

（5）混凝土采用机械拌和，拌和时间需大于2min。

（6）混凝土随拌、随运、随用。若发生分离、漏浆、严重泌水和坍落度降低等情况，需要在浇筑地点对混凝土重新拌和。如若发生混凝土初凝现象，需要对混凝土做报废处理。

（7）混凝土浇筑前，对土渠基洒水，使之洇润；若在岩石渠基上浇筑混凝土或在先前的混凝土上浇筑时，需要将岩基或先前的混凝土冲洗干净，同时铺上一层1～2cm厚的砂浆，并确保砂浆的水灰比比混凝土小0.03～0.05。

3.3.2.2 缝面处理

缝面处理以高压水冲毛为主，人工打毛为辅。冲毛或打毛后，把缝面上所有浮浆、松散物料及污染体清除干净，露出粗砂粒或小石，不得损伤内部骨料，并保持清洁、湿润。

已浇筑的混凝土强度在未达到2.5MPa前，不得进行下层混凝土浇筑的准备工作。

毛面处理采用两台高压水冲毛机，在混凝土收仓28～36h后进行。

3.3.3 模板工程

该工程模板以木模板为主。使用模板前按要求对其表面进行涂刷。模板制作时采用变形小、强度高的木材，模板表面采用三夹板贴面并喷上一层润滑剂。进场前对模板进行检查，确保腐朽或脆性木材制作的模板不能进场。

安装模板前，木工需要认真观看施工图纸，仔细绘制模板、脚手架安装图，通过质检工程师和项目总工的批准后，才能开始模板的制作及安装。

采用钻孔埋锚杆的措施来平衡混凝土对底板侧模的侧压力。闸墩、启闭台排架以及检修门排架牛腿等混凝土模板内侧可采用$\phi 16$的对销螺栓和混凝土撑头加以固定，模板外侧使用钢管脚手架固定成一体。脚手架需设置剪刀撑和斜撑，并做好脚手架基础处理，进而确保脚手架的整体稳定性。

4 结语

芜湖市竹港泵站工程是国家《“十四五”解决水利防洪排涝薄弱环节实施方案》计划实施的长江流域重点涝区排涝能力建设项目，该项目的实施有利于进一步完善芜湖市水网区（中片）防洪排涝体系，提升区域整体防洪安全，对提高芜湖市防洪安全水平、保障民生具有深远意义。本文以芜湖市竹港泵站施工技术为研究对象，对主要建筑物规划进行布置，可为具备相似功能的泵站提供一定的技术参考。

参考文献

[1] 夏学成，余世刚，刘杰．亭子口水利枢纽工程导流明渠围堰的设计与施工［J］．四川水力发电，2009，28（6）：50-53，59，162.

[2] 谭志锋．白蕉联围排涝泵站施工技术［J］．河南水利与南水北调，2023，52（5）：60-61.

[3] 王菲．浅谈星星哨灌区节水配套改造项目实施技术方案［J］．价值工程，2011，30（33）：53.

引水工程中钢管沉管及取水头水下施工技术的研究应用

朱艳辉　路　涛　聂金龙

【摘　要】本文通过引江济淮二期工程（水利部分）蚌埠淮南滁州亳州取水口门工程1标项目沉管及水下施工的研究与应用，即钢管岸边组焊、水下沟槽开挖、水下瓜子片垫层铺设、水上打桩、取水头底板浇筑、水下安装取水头、沉管下水及浮运就位、钢管注水下沉、水下回填、水下抛石护坡等工序，总结了钢管沉管及取水头水下施工经验，可为类似工程提供借鉴。

【关键词】沉管　水下　水上　浮运　取水头

1　引言

引江济淮二期工程（水利部分）蚌埠淮南滁州亳州取水口门工程1标项目位于安徽省淮南市、亳州市、蚌埠市，工程内容包括：新桥水厂取水口门工程新建水口引水涵洞、进水池、主泵房、副厂房；山南水厂取水口门工程新建取水口引水钢管、进水池、主泵房、副厂房；孙庄一号沟补水涵洞穿越茨淮新河堤防；古井镇供水工程按20万t/d规模增配机电设备等。

沉管及取水头位于淮南市山南新区自来水厂瓦埠湖内，取水头连接双排引水钢管至泵站，管径为1.1m，壁厚为2cm，材质Q355C。管中心间距为5.5m，单根长度为828.42m，双排管总长度共计1656.84m。共布置两根DN1100钢管，取水钢管底高程为13.74m，湖底高程为16.20～17.80m，开挖深度为2.45～4m。引水钢管施工主要涉及水下土方开挖、瓜子片垫层整平、块石砌筑、预制管桩施工、水下混凝土浇筑、双排引水钢管与取水头与泵站连接、管道顶回填，回填厚度约为1.54m。

2　施工方法

根据沉管及取水头工程所处水域的水文、地质、气象、航运交通等条件，并考虑周边环境、设计要求及施工技能能力等因素，经技术经济比较后，沉管沉放拟采用“岸上整体组焊—整体水面浮运—取水头安装—稳管定位—管道注水下沉”的施工工法，主要包括以下10个工序，即钢管岸边组焊、水下沟槽开挖、水下瓜子片垫层铺设、水上打桩、取水头底板浇筑、水下安装取水头、沉管下水及浮运就位、钢管注水下沉、水下回填、水下抛石护坡。

主要施工方法为：利用钢管在陆地整体焊接成型接头质量高、对位精度好及施工速度快的特点，将每根钢管在陆上焊接成型，组焊完成后将管道两端用盲板封堵，用多台汽车起重机和起重船配合整体起吊入水，利用空心钢管自身的浮力，以平行于河道方向漂浮在岸边，待整根钢管组焊完成后，利用拖船将钢管一端拖至湖中心，使钢管垂直于湖面，确保位于预先开挖好的管槽上方，在管端口预留的注水口注水，使钢管在自身重力的作用下下沉至湖底沟槽内，利用混凝土镇墩对沉管进行固定，对沟槽进行素土回填，最后将钢管两端与泵房和取水头对接。

3 技术参数

沉管工程布置双排管，即两根 DN1100 钢管。钢管主要技术参数见表 1。

表 1　钢管主要技术参数

管材		外径/mm	壁厚/mm	内径/mm	管重/(kg/m)	连接方式
DN1100	Q355C	1120	20	1080	542	焊接

单根钢管长度为 828.42m，双排管总长度共计 1656.84m；单根管总重量为 459t，双排管总重量为 918t。

水下沉管工程剖面如图 1 所示。

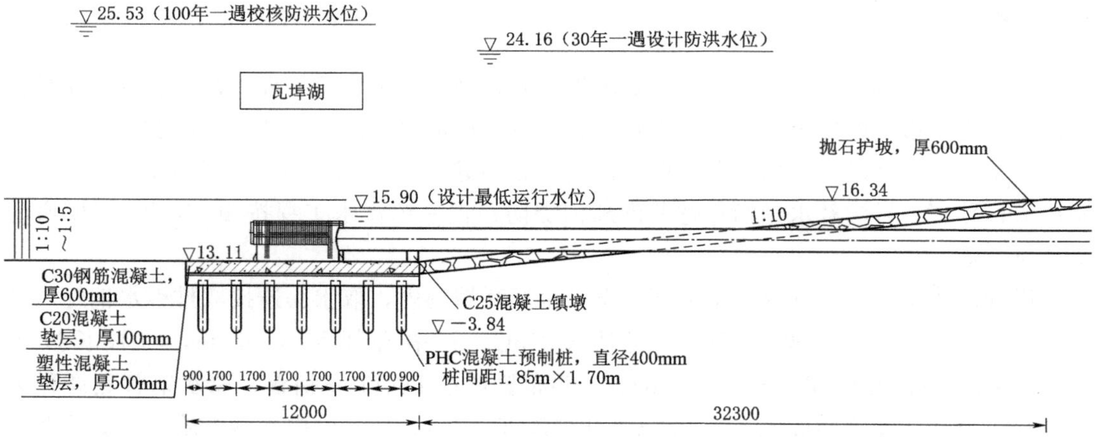

图 1　水下沉管工程剖面图（高程水位单位：m；尺寸单位：mm）

两根钢管中心距离为 5.5m，沉管下部铺设 15cm 厚碎石（瓜子片）垫层找平，管道四周用素土回填，上部素土回填厚度为 1.54m。上部采用素土回填至原湖底高程。

4 工艺流程

取水头及沉管工程主要工作内容包括测量放样、水下沟槽开挖、瓜子片垫层铺设、PHC 管桩施工、水下混凝土基础浇筑、沉管及取水头沉放安装、取水头部抛石护坡、水下管线检查、沟槽素土回填、压力试验等。施工工艺流程如图 2 所示。

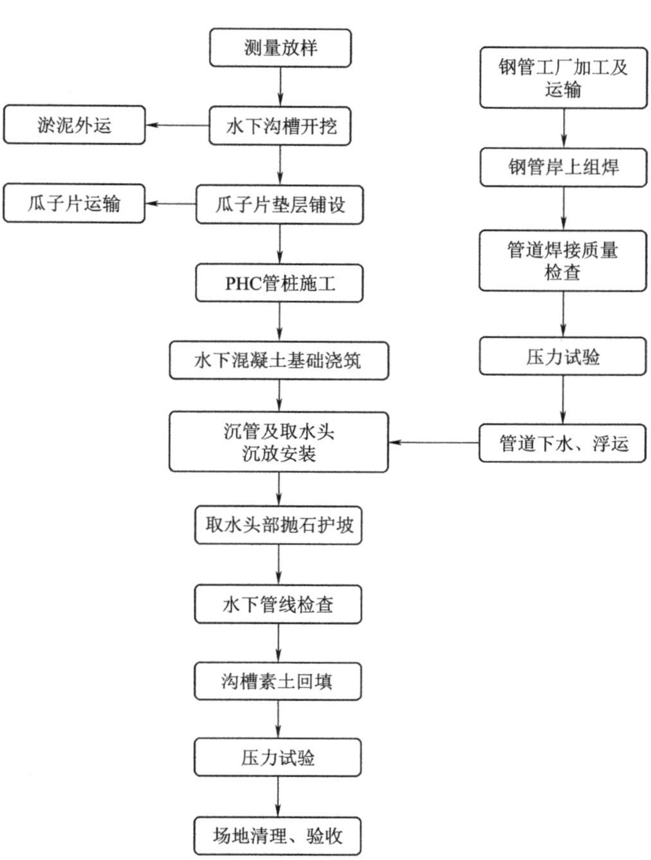

图 2　沉管及取水头工程施工工艺流程图

4.1　测量放线

施工前，先测量放样，测量内容包括：建立施工测量控制网络系统，对施工范围及湖道地形进行校核，确定管线位置、节点控制、开挖边线位置，并根据需要设置水上、水下控制桩等。

4.2　水下沟槽开挖

由于湖床土层松软，水下沟槽大方量开挖施工采用长臂挖掘机，长臂挖掘机同时负责修整沟槽边坡，把基槽内的泥土装到平板驳船上，泥土利用自航平板驳运走，泥土运至岸边装车送至业主指定的弃土场。

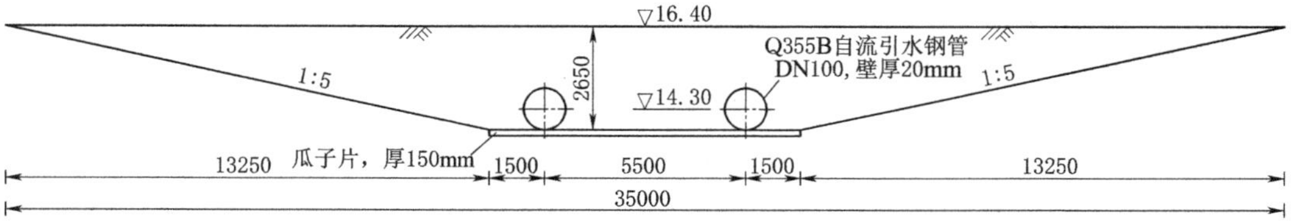

图 3　水下沟槽开挖断面图（高程单位：m；尺寸单位：mm）

长臂挖掘机施工时采取单侧纵挖式施工方法，先挖岸边，后挖中间。为不影响通航，整体采用先挖左边后挖右边的开挖方式。水下沟槽断面宽度为 8.5m，沟槽坡比为 1∶5，由挖泥船操作人员配合潜水员水下测量槽底的深度和宽度并配合水下挖泥作业。开挖过程中，先沿着泵站岸边开始作业，逐渐向外取水头处开挖湖床土体，采用水上挖泥船对深水区管槽基础进行开挖施工。沟槽挖好后，应测量槽底高程和沟槽横断面，偏差应符合有关规定。

4.3 瓜子片垫层铺设

沟槽碎石垫层整平采用平板驳船进行，由驳船抛填，沟槽内铺设 15cm 厚瓜子片碎石，用高压水泵吹扫，用红外线探测仪进行平整度检测。

4.4 PHC 管桩施工

取水头部下基础采用 PHC 混凝土预制管桩进行处理，管桩直径为 400mm，混凝土强度为 C80，桩间距为 1.85m×1.70m，设计单根桩长 16m。取水头部钢管通过 C30 混凝土底板及塑性混凝土与 PHC 管桩连接，以满足取水头部抗浮稳定及基础承载力要求。

取水头部基础支撑管桩施工采用船舶水上作业，采用冲击钻造孔振动下沉，至设计标高后，由潜水员将多余桩长部分于水下切割截除。

4.5 水下混凝土基础浇筑

泵车拟设在岸上管道轴线位置，在运输船上安装 6m^3 的混凝土装料箱，由汽车泵输出混凝土至运输船装料箱，运输船运输到起重船导管漏斗处。

导管及下料斗由起重船吊放至指定高度，考虑到水下混凝土浇筑导管初始瞬间埋深需 0.3m 以上，而现场浇筑范围非常大，漏斗里混凝土灌满只有 0.86m^3 左右，为了确保混凝土不离析，潜水员先到水下导管位置用沙袋围一个围堰，高度为 1m，直径比导管稍大即可，这样可确保初始混凝土浇筑时导管的埋深达到 1m。拟用沙袋排水，沙袋放进导管后，末端用铁丝连接，漏斗内混凝土快要注满时，迅速剪断铁丝，混凝土瞬间冲落，这时马上泵送混凝土。混凝土浇筑应连续不间断地进行。

4.6 沉管及取水头沉放安装

4.6.1 钢管岸上组焊

（1）坡口打磨。施焊前，检查焊口的外观，用手提式砂轮机将坡口及其两侧 10～20mm 范围内的表面清除干净，将坡口表面的熔渣、毛刺等打磨掉，确保坡口表面平整，并露出金属光泽。

（2）焊口组对。钢管对口采用汽车起重机吊装，进行管口对接，合格后方可进行点焊作业。焊件组装时，应将待焊管子（件）垫置牢固，以防在焊接和热处理过程中发生变形和附加应力。管子或焊件对接焊缝组对时，内壁错边量不应超过母材厚度的 10%，且不应大于 2mm。管道对口时应检查对口接头各部尺寸，全部符合要求后方可进行定位焊固定，拆除外对口器再全面施焊。

（3）定位焊。定位焊应能保证焊缝在正式施焊过程中不致开裂，其长度宜为10～15mm，高宜为2～4mm，且不超过壁厚的2/3。定位焊缝两端应修磨成缓坡状。

（4）打底。钢管焊接采用多层多道焊的方法逐层焊接，其中氩弧焊打底的焊层厚度不小于3mm，坡口焊缝打底焊道允许最大厚度为6mm。

（5）填充盖面。填充盖面采用半自动药芯焊丝自保护焊，平焊各层焊缝的允许最大厚度为3mm，立焊、横焊、仰焊为4mm。焊口为单面V形坡口，正面焊缝在管外壁。

（6）焊口清理。焊口焊完后应进行清理，立即去除渣及飞溅物，清理干净焊缝表面，然后进行焊缝外观检查。

（7）压力试验。钢管拼装焊接完成后，应对管道进行水压试验，压力钢管试压压力为1.0MPa，合格后方可进行管节接口的防腐处理和沉管铺设。

（8）防腐。外防腐采用三层结构挤压聚乙烯，干燥后缠绕热收缩套，以确保管道防腐的连续性。内防腐采用内衬不锈钢焊接免修补技术，管端接口内衬不锈钢板宽120mm、厚1.5mm，材质为不锈钢（304不锈钢）。

4.6.2 沉管下水、浮运

钢管沉管采用整体水面浮运法，两端封闭的管段浮在水面上，利用船舶拖航。

管段入水后即与拖轮连接，进行浮运施工。将钢管拖至湖面宽度的2/3时，应减慢速度，随时根据水流方向控制管段在水中的浮运状态，利用尚有的水流使管段慢慢流至对岸，此时的拖轮应控制横管的速度。拖运管段的控制缆点应根据管段受力计算数据布置，使管段在浮运过程中受力均匀。

当沉管浮运至设计中心线附近时，先将管道一端牵引至中心线定位、固定，再将管道在水面上水平旋转至管线中心。

当钢管整体浮运所承受的浮力不足以使沉管漂浮时，在沉管两旁系结浮筒、浮囊等。

4.6.3 沉管注水沉放

（1）沉管吊装方法。沉管吊放采用3艘60t起重船并利用自身浮力进行。起吊时必须使吊钩重心与沉管重心重合，保证起吊平衡。为保护沉管外防腐，吊装采用兜吊法，用专用棉质吊带吊装。

（2）沉管注水下沉方法。在南岸一侧管头注水，西岸一侧管头设排气阀排气，沉管过程中一侧注水一侧排气。注水速度不可过快，控制在50～80m^3/h之间，单根DN1100给水管设计总注水量约为800m^3，预计注水时间为12h。沉管注水期间，起重船根据管道下沉情况随时调整吊钩下放速度以及锚固钢丝绳的松紧程度。

（3）沉管垂直下沉。沉管下沉采用整体吊沉法。沉管下沉前，在沉管两端设两条吊车船，分别吊住管道两端位置。根据现场场地和管道长度设置合理的吊点，保证沉管在下沉过程中保持平衡，有效地控制钢管下沉时的弯曲应力。

根据沉管两端的排气情况，分多次指挥各吊船放松钢丝绳，使沉管逐渐下沉，每次下沉0.2m。管道在进水时，各吊点对管道略有吊力，随着水的不断灌入，所有吊点同时松绳，使管道逐渐下沉，各吊点同时不断调整，以保证各吊点的合理分布。

4.6.4 取水头安装

（1）起重工程船定位。起重工程船与沉管以“丁”字形定位于取水管轴线，工程船艏部朝向岸边，艏部、艉部各抛八字锚于湖中固定，地锚与卷扬机连接，通过卷扬机的收放来调整、控制船体的方向。

(2) 取水头部于岸边焊接拼装后，在取水头部顶部分别焊接两个吊耳，由汽车吊运至起重船能够吊到的岸滩上，再由起重船吊装至水面上，移运至指定的施工位置安装。

(3) 放线方法。分别在取水头部中心及沉管尾部中心插上一根标杆，陆上用全站仪控制平面位置，控制好中心、轴心。

(4) 沉管及取水头水下安装。取水头重量为 24.84t，起重船起重能力为 60t，起重船利用绞松锚的方式，并采用浮标或钢丝绳定大方向，将取水头移动到位，潜水员水下配合，取水头及沉管末端用两根 ϕ25 圆钢管箍螺栓固定。

4.7 取水头部石护坡

(1) 水下坡面修整。取水头混凝土镇脚及湖底到一级管底槽平台的边坡用挖泥船、长臂挖掘机进行修整。挖泥船在施工前先进行原始断面的测量，出入较大的地方用挖泥船继续修整，修坡挖出来的土方用船运至弃土场。修整基本到位后，一级底槽平台至混凝土镇脚由潜水员整平，湖底及边坡则用在挖掘机斗上焊上 2.5m 长的槽钢来回刮动的方法整平。

(2) 水下抛石护坡。坡面由潜水员用水枪冲吸的方式扫平，块石在挖泥船抓斗放入水中时由潜水员于水下拉平，护坡基础整平槽钢在水下铺设并固定好，水上船运碎石到达抛撒地点后抛撒，潜水员在水下找平，然后用槽钢来回刮动的方法将块石护坡整平，由潜水员按序安装、整平、铺设。

4.8 水下管线检查

沉管沉降就位后，由测量人员测量管顶高程，并检查管底是否悬空，如悬空应用中砂回填，沉放后管底与沟槽底接触均匀、紧密。如发现特殊问题，及时与指挥人员联系，研究处理方法。若水下检查未发现不良现象，即可完成该管段的沉放工作。

4.9 沟槽素土回填

水下沟槽回填采用素土，由挖掘机装车，自卸车运至施工现场岸边，装至平板驳船上，运到沟槽上方回填。

回填作业时，由液压抓扬式挖泥船进入现场，在水上回填部位定位，由岸上的全站仪对挖泥船进行定位，使挖泥船刚好定位在沉管的上方。挖泥船上的抓斗将素土抓起后，由自卸船开到沟槽上方卸料并放入基槽，由潜水员对水下回填情况进行摸测，调整回填的部位和方量，使沟槽回填到要求的标高。

4.10 压力试验

沉管及取水头下沉安装就位，待沉管浸泡不小于 24h 后按相关规范进行闭水试验。试压前做好堵板、后背、加压设备和进、排水管路等的检查工作。

水压试验采用清洁水为试验介质，试验压力为 1MPa。管道注水时应把管道最高点排气阀打开，将空气排尽。待排气阀出水后，关闭排水阀和上水进水阀，加压时应分级加压，加压速度不宜大于 0.05MPa/min。先缓缓升至工作压力并保持 30min 以上，此时压力表指针应保持稳定，没有颤动现象，对管道进行检查，无问题时再继续加压。当压力达到试验压力时停止加压，一般保持 30min，如管道无泄漏现象，压力表指针不下降。然后将压力降到工作压力并保持 30min 以上。水压试验过程中，压力指针未下降，管道焊缝及法兰连接处没有渗漏现象，即认为试验合格。

5 结语

沉管及取水头工程施工为水下施工，可见性差，水下工况条件复杂，不可预见因素多，水下作业施工精度控制难度大，采用驳船和潜水员相互配合的方式确保一次成功完成沉管施工，解决了沉管整体安装长度长、重量大、施工难度大的难题，可为后续类似工程提供可借鉴的经验，助力水利工程行业发展。

预制块护坡在行蓄洪区水利项目中的应用

苏清泉　张　震　江　龙

【摘　要】 面对水利工程大面积预制块护坡工程任务时，如何在确保施工质量的前提下合理安排施工是护坡施工的难点。本文以安徽省淮河流域重要行蓄洪区建设工程（霍邱段）工程总承包项目3标段为例。

通过合理安排一系列施工步骤，成功解决了施工中的难点，既保证了施工质量，又确保了工程的顺利进行。这一成功案例为类似的水利工程项目提供了有益的借鉴和参考。

【关键词】 工程施工　碎石垫层摊铺　预制块安装　质量控制

1　引言

安徽省淮河流域重要行蓄洪区建设工程（霍邱段）工程总承包项目3标段施工中的护坡主要为新建王截流保庄圩护坡，总面积约8万 m^2。在施工过程中，首先在坡面上铺设一层土工布，然后在土工布之上铺设一层厚度为0.10m的碎石垫层，最后砌筑0.12m厚的混凝土预制块，这些预制块不仅结构稳定，而且外观整齐，能够在洪水期间有效保护堤防坡面，确保其稳定性。

2　工程概况

2.1　气象条件

安徽省淮河流域属亚热带和暖温带半湿润季风气候，为我国南北气候的过渡地带。常为西风带系统与副热带系统的交汇处，大气变化剧烈，其特点是气候温和、四季分明、雨量适中，但年际、年内变化大，日照时数多，温差大，无霜期长，季风气候明显，表现为夏热多雨、冬寒晴燥、秋旱少雨、冷暖和旱涝的转变突出。

沿淮地区多年平均气温为14～16℃，极端最高气温为44.5℃（六安，1932年8月），极端最低气温为－24.1℃（六安，1955年1月11日）。无霜期在210d左右，多年平均风速为2～3m/s，最大风力在8级以上。

安徽省淮河流域年平均降水量为750～1400mm，由南向北递减，其中大别山区多年平均降水量为1200～1400mm。降水量年内、年际变化大，汛期的6—9月雨量占全年降水量的60%以上，汛期降水又多集中在7—8月。年降水量最大值，正阳关为1311.6mm（1956年），六安为1565mm（1956年）；年降水量最小值，正阳关为

369.9mm（1978年），六安为471.5mm（1978年）。年最大降水量是年最小降水量的3～5倍。降水的丰枯变化频繁，丰水年与枯水年常连续出现。

2.2 交通条件

工程建设位于六安市霍邱县王截流乡境内。施工区域外交通较为便利，济广高速、合周高速等均从工程区周边经过，陆路交通方面，工程区内公路四通八达，工程附近可通过现有的乡村道路与各县市间的高等级公路相通；水路交通方面，淮河干流河道常年通航，上水可到王家坝，下水可到明光市和江苏省洪泽湖等地。但施工区域内多为乡村道路，较为狭窄，大型施工车辆不易通过，对施工造成了一定的困难。

2.3 主要施工内容

预制块护坡指通过使用预制成特定形状的混凝土或其他材质的块体，通过特定的排列方式和结构组合，保护斜坡不受风雨侵蚀、水流冲击和其他外部因素的影响，是一种常用于河流、水库、道路及其他斜坡表面的防护措施。在洪水来临时，预制块护坡可以很好地保证堤防坡面的稳定性，确保堤防能在洪水中保护堤防内人民群众生命财产安全。

预制块护坡技术具有施工简单快速、结构稳定、易维护、生态友好等特点，不仅在结构稳定性、防洪排涝方面表现出色，而且在生态保护和美观性上具有明显优势。它的经济高效和灵活适应使其在各种工程项目中都得到了广泛应用。

该工程选择的预制块生态护坡结构形式为：坡面上铺一层土工布，其上铺0.10m厚的碎石垫层，再砌0.12m厚的C25混凝土生态砌块，砌块采用C25F50混凝土，开孔率不小于10%，预制块直接从专业厂家购买成品，现场安装。护坡顶部设0.4m×0.6m（宽×深）的C25混凝土封顶，底部设0.6m×0.8m（宽×深）的C25混凝土镇脚。护坡横向每30m设0.2m×0.3m（宽×深）的C25混凝土隔埂。

预制块结构简图如图1所示。

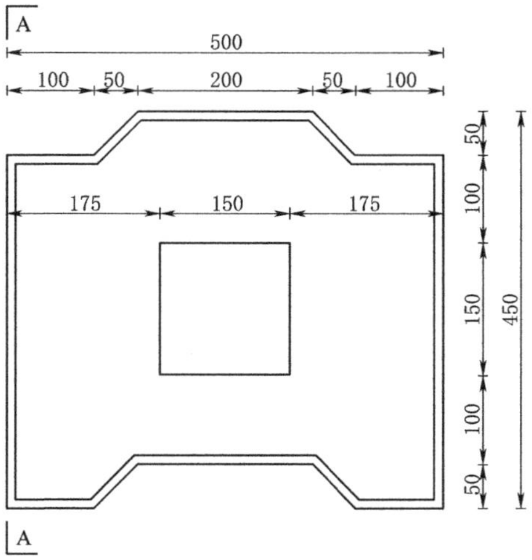

（a）生态护坡大样图(比例尺1:10)

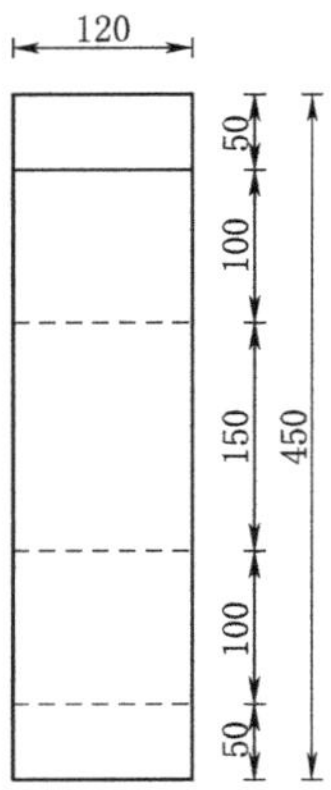

（b）A—A剖视图(比例尺1:10)

图1 预制块结构简图（单位：mm）

3 预制块护坡施工准备

（1）施工准备。根据业主提供的勘察资料、设计文件，结合施工进度计划等要求，完成项目的施工组织设计。

（2）生产指标。预制块的尺寸应符合施工图纸要求，采用C25F50混凝土预制块，不得采用干硬性机制混凝土，要求单块厚度为0.12m。出厂时需提供有资质的质量监督检测机构出具的质量检验证明，并提供产品合格证。

（3）性能指标。应用于该工程的混凝土预制块要求满足《普通混凝土小型砌块》(GB/T 8239—2014)、《水工混凝土施工规范》(SL 677—2014) 中有关原材料及技术性能指标的要求。混凝土预制块外观尺寸厚度容许偏差不大于±2mm，边长容许偏差不大于±4mm，表明裂纹容许偏差不大于±5mm。混凝土预制块抗压强度平均值不小于25.0MPa，抗冻性不小于F50。

（4）其他要求。为保障预制块质量，工厂化制作产品，蒸汽养护的预制块养护龄期不小于28d，预制块在堆放、运输和现场砌筑过程中应有防雨水措施，采用薄膜安装。

（5）测量放线。根据开挖图纸，放样测设边桩位置，施工时逐层控制，渠道底和边坡每隔10m范围插杆挂线开挖，保证渠道底和边坡的高程、坡度等技术参数。开挖过程中，经常校核测量开挖区域的平面位置、水平标高、控制桩号、水准点和边坡坡度等是否符合施工图纸要求。

（6）机料就位。土方设备、预制块运输设备，以及制作完成的预制块准备就绪。

（7）人员准备。管理、技术、普工各班组就位，提前做好技术交底，随时进入施工状态。

本工程采用的C25混凝土预制块为工厂化制作的产品。要求混凝土强度等级为C25，单块厚度为0.12m，抗冻等级为F50，预制块开孔率不小于10%。

4 预制块护坡施工工艺

预制块护坡施工工艺流程如图2所示。

4.1 坡面修整

为保证碾压密实，在机械铺料过程中，每侧超填30cm（人工超填10cm）左右。堤防每层填筑3m高左右或该单元填筑完成后，用挖掘机配合人工进行边坡修整。修坡预留保护层10cm，修坡完成后于堤坡面铺设塑料薄膜，保护坡面，防止雨水冲刷。修坡刮下的多余土料用于上面一层填筑或用于邻近作业面。

4.2 镇脚、格梗开挖

镇脚及格梗土方开挖采用人工配合挖掘机的开挖方式，开挖前测量放样，每隔5m布设一排样桩，并按同一高程挂线。

开挖按样线采用小型挖掘机进行。开挖完成后人工修整一次，修整合格后验收，验收合格后方可进行下一工序施工。

4.3 镇脚、格梗混凝土浇筑

镇脚混凝土采用罐车运输至渠底，溜槽入模；格梗混凝土采用罐车运输，泵车入槽，

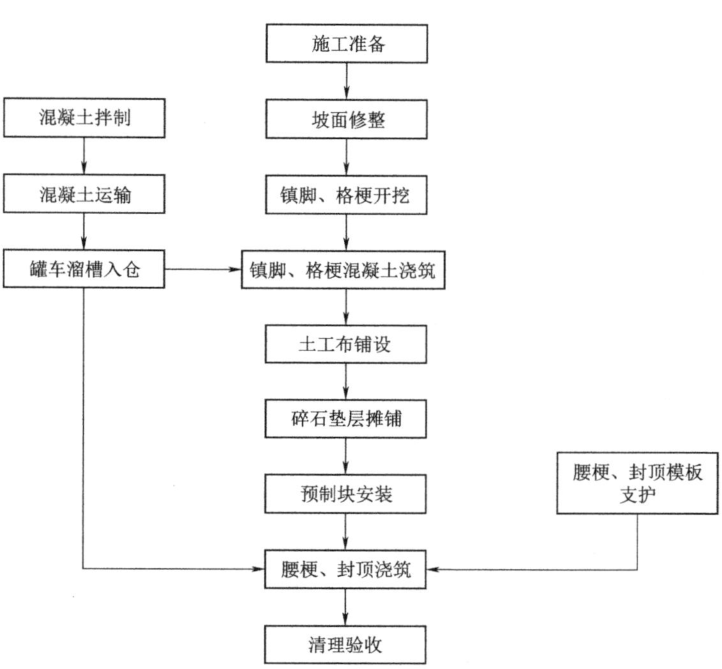

图 2　预制块护坡施工工艺流程图

格梗不单独设置伸缩缝，一次性浇筑完成。

基脚施工前组织放线人员做好平面控制和标高控制工作，根据施工图纸确定基脚边线。弹出基脚尺寸线，按照边线进行模板安装。该工程预制块护坡基脚的模板采用木模板，用 18mm 厚木胶合板，龙骨为 50mm×100mm（宽×长）的木龙骨，斜撑为木支撑。

模板支撑安装稳固，接头紧密平顺，不得有离缝、左右错缝和高低不平等现象，接缝、平整度满足规范要求，以减少混凝土水分散失而引起的干缩，影响混凝土表面光洁。

模板与基层表面接触处均不得漏浆，模板与混凝土接触表面涂隔离剂。

混凝土浇筑严格按浇筑程序进行，严禁在仓内加水，如发现混凝土和易性较差，采取加强振捣等措施，以保证质量。

混凝土连续浇筑，若中断浇筑，中断时间超过允许间歇时间，按施工缝处理。在浇筑分层的上层混凝土前，对下层混凝土的施工缝隙面进行冲毛或凿毛处理。

基脚混凝土浇筑时，虚铺厚度略大于实际厚度，用振捣器垂直于浇筑方向来回拖动振捣，并用铁插尺检查混凝土厚度，振捣完毕后用木刮杠刮平，浇水后再用抹子压平、压实。

4.4　土工布铺设

镇脚至腰梗范围内的工字型生态护坡先在坡面上铺一层土工布，土工布采用单位面积重量为 300g/m^2 的长丝针刺土工布，土工布铺设应松紧适度，不得绷拉过紧，以免免碾压时撕裂，并力求与基面密贴。

土工布拼接铺设可采用搭接的方式，不平地面搭接宽度不小于 50cm；土工布铺设速度与上部垫层及预制块砌筑同步，避免铺设速度太快使材料长时间裸露，加速老化，暴露在日光下的最长时间不得超过一周。

土工布铺设时要拉紧、铺平，不起褶皱。

铺设过程中作业人员不得穿硬底皮鞋及带钉的鞋，不准车辆等机械直接碾压土工合成材料，不得将火种带入施工现场。

为防止大风吹损，铺设期间所有的土工布均用沙袋或软性重物压住，直至保护层施工完为止。

土工布铺设时，沿堤坡向上推进。任何时候铺放设备均不得直接在材料上行驶或作业，应保证其铺设时不损坏材料。

铺设过程中应随时检查土工布的外观有无破损、麻点、孔眼等缺陷。发现有孔眼等缺陷或损伤，应及时用新鲜母材修补，补疤时每边应超过破损部位 10～20cm。

铺设时要按设计要求与周边边界妥善连接。

4.5 碎石垫层摊铺

上一道工序结束，报监理工程师验收合格后立即铺 100mm 厚的碎石垫层。为保证碎石铺填均匀，打控制桩、带线铺填，回填时均匀铺装，施工时带线严格控制垫层的铺垫厚度，自下而上铺设，随预制块面的增高分段上升。

碎石垫层填筑在基底检验合格后进行。砂石的尺寸、材料级配、含泥量等符合施工图纸的规定。

铺筑时，使碎石处于湿润状态，以免颗粒分离，并防止杂物或不同规格的料物混入。分段铺筑时，接头处各层铺成阶梯状，防止层间错位、间断、混杂。

垫层填筑完成后，为防止砌筑时扰动垫层，在垫层上面铺铁皮和木板，既方便人员行走又可防止土粒混杂其中。

4.6 预制块安装

使用符合质量要求的混凝土预制块，使用前进行质量检查。

铺设时带线自下而上进行，保证表面平整、稳固、缝线规则、缝宽均匀。

铺设时不能用铁锤敲击，用橡皮锤敲击密实。

铺设时不能破坏垫层的平整度和厚度，不规则砌块底部要填筑密实。

预制块坡面用 2m 靠尺检测平整度，误差不大于 10mm。预制块护坡的坡面平整度质量检测，沿堤线每 10～20m 应不少于 1 个点次，且坡面平整度合格率不小于 90%。

混凝土预制块铺设重点是控制好两条线和一个面，两条线是坡顶线和底脚线，一个面是铺砌面。保证上述两条线的顺畅和护砌面的平整，对整个护坡外观质量的评价至关重要。

预制块砌筑必须从下往上顺序砌筑，砌筑应平整，咬合要紧密。砌筑时依放样桩纵向拉线控制坡比，横向拉线控制平整度，使平整度达到设计要求。预制块铺筑应平整、稳定，线缝规则。

5 质量控制措施

在施工过程中，经常检查施工组织设计及施工方案落实情况，以确保施工生产正常进行。

工程材料质量保证方面，对进厂的原材料进行严格检查，杜绝不合格的材料进场，地方材料应做试验，试验合格并经监理认可后方可进料。

工程质量保证方面，项目经理部设质检组，设专职质检员，每天进行施工中检查。

施工操作质量保证方面，施工操作者是工程质量的直接责任者，工程质量的好坏，施工操作者是关键。施工操作者必须具备相应操作资格。施工操作中，要坚持自检、互检、交接检制度，所有工程必须坚持样板制，坚持做到不合格的工序不交工。在整个施工过程中，要贯穿工前有交底、工中有检查、工后有验收，做到施工操作程序化、标准化、规范化，确保施工质量。

正确处理进度与质量的关系。进度与质量是对立统一的，没有质量就没有进度，进度必须服从质量，严格按照标准规范和设计要求组织施工，绝不能因为工期而忽视质量。

预制块砌筑平整、稳定，缝线规则、紧密，坡面平整度采用 2m 靠尺检测，凹凸不超过 1cm。预制块护坡的坡面平整度质量检测，沿堤线每 10～20m 应不少于 1 个点次，且坡面平整度合格率不小于 90%。

6 结语

该工程中采用的生态预制块护坡不仅美观，而且能有效防止水土流失，提高了保庄圩堤防的边坡稳定性，提高了堤防的抗洪能力。同时，护坡预留的孔洞中种植的植物改善了生态环境。尽管预制块护坡的初期投资可能较高，但施工速度快、材料利用率高、维护成本低，在经济上有明显优势。

预制块护坡在安徽省淮河流域重要行蓄洪区建设工程（霍邱段）工程总承包项目 3 标段中的成功运用，为后续类似技术的应用提供了借鉴和宝贵经验。预制块护坡的工艺特点可归纳为结构稳定、施工效率高、技术成熟、经济性好、透水性良好、生态和谐等，在现代工程建设中发挥着越来越重要的作用。从施工前的准备到施工后的效果评估，每一个环节都需要精细的管理和高质量的控制，以确保护坡能够有效地服务于工程安全和环境保护。随着技术的不断进步，预制块护坡在未来可能会有更多的创新和发展，更好地服务于人类的生活和工作。

智能化双向搅拌粉喷桩施工技术在临江泵站中的应用

刘枝良　关　宇　聂金龙

【摘　要】 本文围绕智能化双向搅拌粉喷桩的施工技术展开研究，详细分析了其施工原理、施工方法、质量控制及其在实际工程中的应用。通过现场试验和数据分析，探讨了水泥土搅拌桩的强度形成机制及影响因素，为相关工程提供了理论支持和技术指导。

【关键词】 水泥土搅拌桩　地基处理　智能化　工程应用

1　引言

水泥土搅拌桩作为一种常用且较为成熟的地基处理技术，以施工便捷、成本较低、适应性强等优点，在各地基处理工程中得到了广泛应用。本文就传统水泥土搅拌桩施工工艺应用过程中遇到的问题进行研究，通过对施工技术加以优化改进，提高地基加固施工质量，为提高地基处理效果提供理论依据和技术支持。

2　智能化双向搅拌粉喷桩施工技术

2.1　技术原理

水泥土搅拌桩是一种常用的地基处理加固技术，它将水泥等材料作为固化剂，利用搅拌桩机将其送入土体并充分搅拌，使之发生一系列物理化学反应，从而让土体硬结，提高地基强度。

2.2　技术特点

与传统搅拌桩施工技术相比，智能化双向搅拌粉喷桩施工技术具有桩身完整性更高、桩身强度更高、桩身强度离散性小、环保效益高、施工工艺更加智能化、经济效益高等特点。

3　芜湖市竹港泵站工程概况

3.1　地理位置与环境条件

作为临江泵站，竹港泵站站址位于竹港河与青安江交汇口以北约 190m，根据现场勘察，场地地层主要由第四系冲洪积层形成。

3.2 工程规模

芜湖市竹港泵站工程规模为大（2）型，工程等别为Ⅱ等，设计排涝流量为 $53m^3/s$。泵站段搅拌桩桩数共计 12936 根，总有效桩长约为 98612m，管理房基础搅拌桩有效桩长约为 3201m。

3.3 施工难点

该工程结构物底板所在位置的土质较差，土体承载力低，地基处理工程量大，且工期较为紧张。

4 智能化双向搅拌粉喷桩施工技术在临江泵站中的应用

4.1 施工方案设计

该工程的水泥土搅拌桩桩径为 600mm，桩间距为 0.9m、1.0m、1.2m，水泥掺量为被加固土体质量的 18%，水泥选用 P·O 42.5 级及以上的水泥；桩端深度需没入重粉质壤土 1.0m 以上，桩顶设 0.30m 厚的水泥土褥垫层。根据地质报告中被加固土体的湿重度，取最大湿重度计算得到桩体每米水泥用量约为 97kg。

4.2 施工过程控制

4.2.1 施工流程

1. 测量定位

依据设计图纸，利用专业测量仪器在施工现场定位出每根搅拌桩的桩位，用竹签、木棒与撒石灰相结合的方式标记，同时做好复核工作，确保每根桩的桩位误差不大于 5cm。

2. 桩机就位

施工设备移动至指定桩位并校准，确保钻头与桩位的水平误差不大于 5cm，导向架和搅拌机钻杆与地面垂直，垂直度偏差不大于 1.0%。

3. 搅拌桩施工工艺

搅拌桩施工工序为：施工准备→测量放线→桩机就位→主机调平→搅拌成桩→成桩质量检查。部分工序施工内容如下：

（1）施工准备。依据设计图纸规定位置，于堤坝外侧放出桩位位置，并测出地面高程（施工时钻头由地面往下钻进设计深度即可确定桩深），整平高度为搅拌桩设计桩顶高程以上 1.5m。桩机就位前施工场地需先平整，清除桩位处地上、地下一切障碍物，机架上方无电线、树枝，地下无石块、树根，机身必须保持水平，施工前场地必须密实，无虚土。

（2）桩机就位及主机调平。将水泥土搅拌桩机运至施工现场后，根据地质资料及监理现场确认位置，桩机就位，桩位偏差不得超过设计规定值。桩机的调平由位于桩机上一个吊线锤控制，通过调整桩机的四个脚使吊线锤归至中心线，保持桩机水平。

（3）搅拌成桩。①设备就位：施工辅助设备需安置在施工作业面以外区域，以防影响正常施工，桩机需整平并将钻头对准桩位，确保桩身保持垂直；②钻进：对钻头进行桩位复核并校准，待桩机整平、支撑牢固后，对设备进行试运行，一切正常后，开始钻进，钻进速度保持在 1.2m/min 为宜；③搅拌、喷粉、提升：当钻进至设计深度以上 0.5m 时，开启送灰机泵送水泥，到达桩底后（电流达到 50A 以上），提升钻杆（提升速度保持在

1.0m/min 为宜)，使水泥与土体充分搅拌；④成桩：经过上述流程，即可完成一根桩的施工工作，桩机即可移位至下一桩位循环操作。

4.2.2 质量控制措施

测量定位时，必须使用经有相关资质单位校验过的各种压力表、计量表、水准仪，放线时，做到数据准确，测量手续齐全。

严格把关每批材料的进场，必须提供材料复试报告及出厂合格证，材料运至现场后应做好保管工作，防止风吹、雨淋和硬结，严禁使用失效水泥！

定期检查施工设备，确保桩机施工作业的顺利进行，在成桩过程中，若发生意外情况，应在 12 小时之内采取补救措施。

喷粉机必须配备经国家计量部门确认的能够瞬时检测并记录粉体的计量装置，记录水泥的瞬时喷入量及累计喷入量。应时刻注意相关数据，及时调整阀门、风压，保证送灰量的准确性及均匀性，从而保证每根桩每米的水泥用量达到 97kg，确保成桩质量。

施工过程中严格控制钻进速度、喷灰及停灰时间，确保达到设计要求。定期检查搅拌桩的成桩直径及均匀度，使用的钻头必须每天检查一次，其直径磨耗量不得大于 1cm。

严格按照施工方案复搅，提升速度控制在 1.0m/min 之内，高于设计桩顶高程 0.5m 时停喷。

施工中应经常检查机械的垂直度，采用在机架上悬挂线锤的方法，便于机械操作人员随时观察调整，确保桩身垂直度不大于 1%。

每次罐内水泥加入量不得小于一根桩的水泥量加 100kg，喷射机内压力要保持稳定，压力要足够，送粉时应控制并调整好空气压力，一般控制在 0.4～0.6MPa 之间。

需定期检查施工记录，并对每根桩进行质量评定，对不合格的桩，应根据实际情况，采取相应的修补措施。

施工桩径为 600mm，钻头最小直径不小于 590mm，成桩深度根据设计要求及施工机械智能化操作平台控制，每天施工原始记录要整理，并经监理单位校核签证，电脑打印记录每天要张贴整理。

4.3 智能化系统

4.3.1 智能输料系统

智能输料系统包括集料罐和输料罐，高压气体供给系统包括空压机和储气罐。输料罐上部安装有数字式压力传感器，输料罐设置在集料罐的正下方，集料罐下料口处装有下料控制阀，输料罐进料口处装有进料控制阀，下料控制阀与进料控制阀之间通过柔性连接套连接；输料罐装在支架上，在输料罐与支架之间设有测量输料罐重量的测重传感器，输料罐的底部与输灰总管相接，输灰总管上装有输灰控制阀。智能输料系统结构示意如图 1 所示。

施工送料自动化控制系统如图 2 所示。通过自动送料阀，既可以解决水泥泵送不均匀及断桩现象，还能降低劳动强度，将原来的人工手动操作改为前端操控平台的电钮控制，使其能够自动化协调作业。该系统智能控制送灰送气，结构形式简单，安装方便；能降低人力成本，减少操作所需人员；可以实现无尘化施工，减少对周边环境影响，做到文明施工并节约水泥材料。

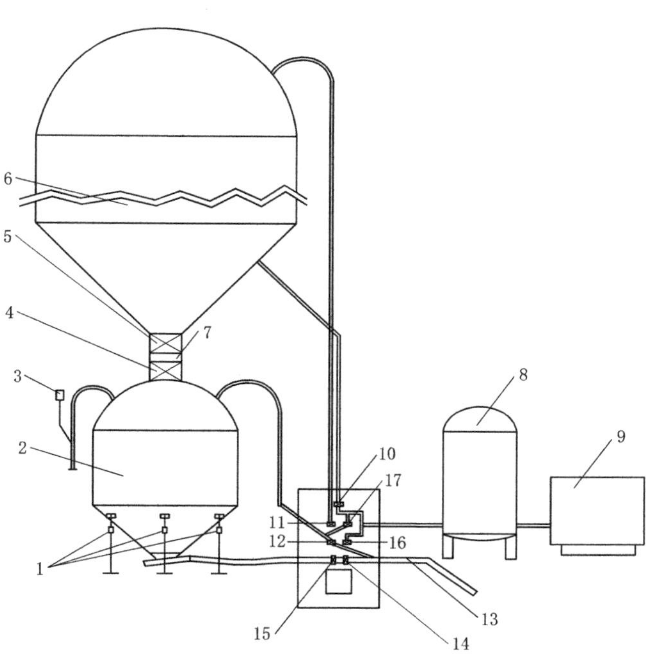

图1　智能输料系统结构示意图

1—测重优越感器；2—输料罐；3—数字式压力传感器；4—进料控制阀；5—下料控制阀；6—集料罐；7—柔性连接套；8—储气罐；9—空压机；10—冲击控制阀；11—泄气控制阀；12—排气控制阀；13—输灰总管；14—前端阀；15—后端阀；16—加压控制阀；17—增压控制阀

（a）自动送料阀

（b）自动送料装置总成

（c）现场施工送料无人操作

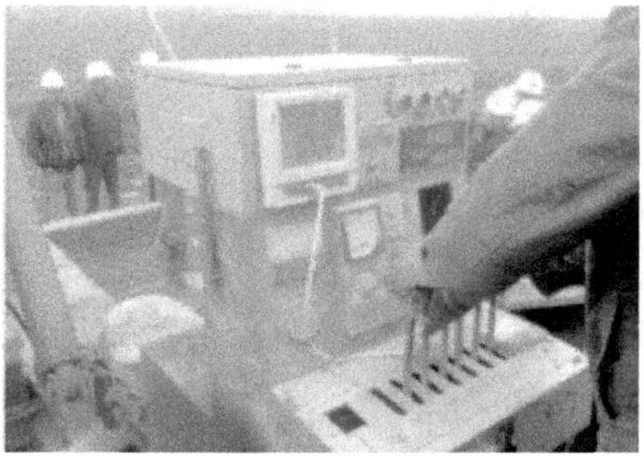

（d）送料监控装置改在前台

图2　施工送料自动化控制系统

4.3.2 除尘系统

除尘设备如图 3 所示。使用跟桩机施工配套的除尘设备有 A 型和 B 型两种。使用该除尘设备后，送灰罐送灰时，将排气管连接到该除尘设备后，使得粉尘污染大幅度降低，同时排放夹杂的水泥可以直接回收使用，减少了水泥材料的浪费。为了更进一步减少对环境产生的污染，施以改进措施对送料系统进行搭棚处理［图 3（c）］。

（a）A型　　（b）B型　　（c）灰罐送料系统上的搭棚处理

图 3　除尘设备

4.3.3 云端实时监测控制系统

双向搅拌粉喷桩施工配套安装了一套云端实时监测控制系统。该系统可以与桩机自带的传感器、摄像头实时监控并上传至云端网络，既能够让工作人员随时监管施工机械（钻进速度、钻进深度、垂直度等），又可以将施工运行记录实时存档记录。云端实时监测控制系统截图如图 4 所示。

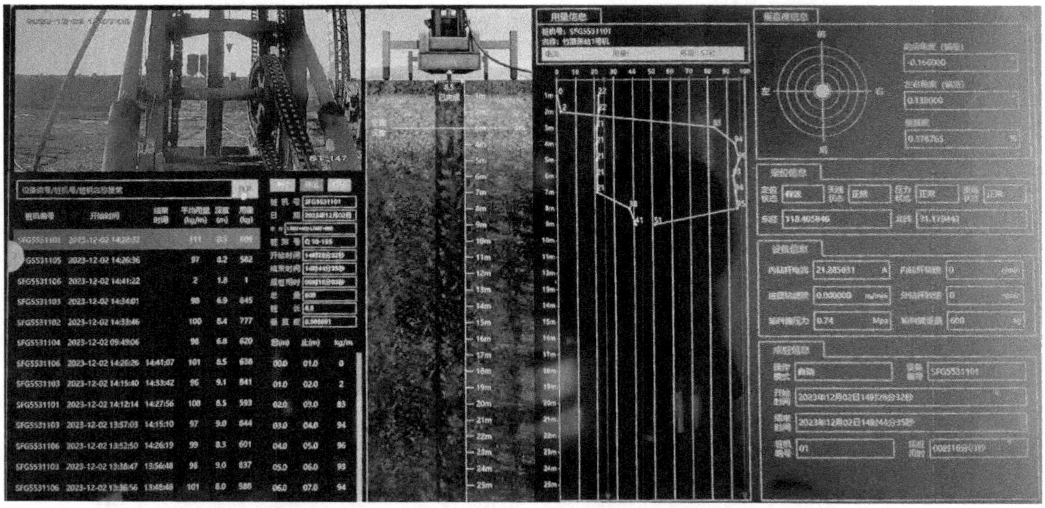

图 4　云端实时监测控制系统截图

5 施工效果分析

5.1 施工质量评价

智能化双向搅拌粉喷桩施工技术的应用，圆满达成了项目预期要求，现场钻孔取芯完整，尺寸符合要求，质检合格。水泥土搅拌桩转孔取芯样本如图5所示。

图5 水泥土搅拌桩转孔取芯样本

5.2 效益分析

对智能化双向搅拌粉喷桩施工技术的应用，减少了人为因素的影响，使得送料更加均匀，极大地解决了断桩现象，杜绝了“偷工减料”的情况，减少了施工所需人力，降低了劳动强度，从而缩短了工期、降低了施工成本。同时，该技术由于加装了自动装料系统和除尘设备，实现了水泥材料的回收利用，对空排放的高压空气得到了有效利用，起到了节能减排、绿色低碳的作用，大幅度降低了环境污染，对周边的农作物生长没有影响，并且避免了阻工现象。

6 应用实例

6.1 工程概况

石首长江公路大桥位于江汉平原与洞庭湖平原接合部，是湖北省“十二五”规划的“七纵五横三环”高速公路网的重要组成部分。这是一条贯穿荆州地区的南北向快速通道，将两湖平原中部地区融入区域高速公路网，将有力促进两湖平原地区资源、产业、资金和人才等方面的交流与融合，实现优势互补、相互协作。

该工程线路范围内均为第四系沉积物，未见基岩裸露。第四系沉积物主要呈带状分布于长江流域Ⅰ级、Ⅱ级阶地以及河流沟谷和山间洼地，以近代河湖冲积物为主，沉积范围大，沉积厚度较为均匀。

6.2 应用效果

6.2.1 承载力

采用堆载法对搅拌桩进行静载试验。典型单桩竖向静载试验荷载-沉降曲线如图6所示，其中15—20’、8—13、9—15和8—10’四根搅拌桩单桩承载力特征值皆为100kN。

典型单桩复合地基竖向静载试验荷载-沉降试验如图7所示。由图7可知，总加载量已达到设计要求值的两倍以上。5—28’、7—35’、3—12和7—24’四根搅拌桩单桩复合地基承载力特征值皆为180kN，满足设计要求。由此可知，智能化双向搅拌粉喷桩技术在该工程中是适用的，满足设计要求，值得推广和应用。

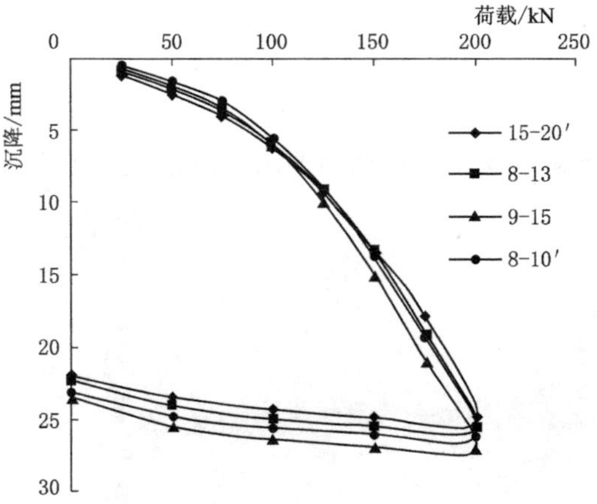

图 6　典型单桩竖向静载试验荷载-沉降曲线

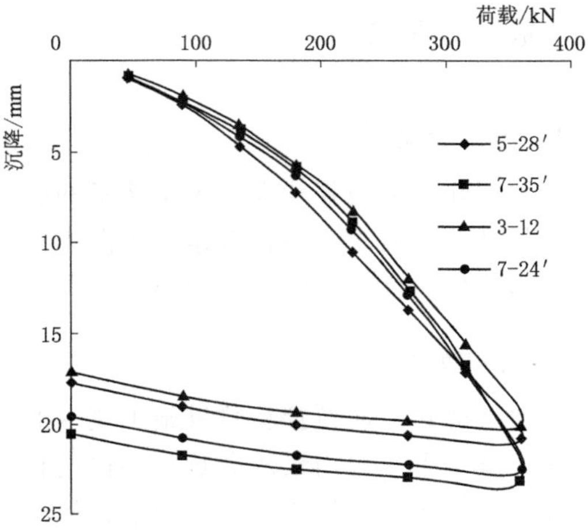

图 7　典型单桩复合地基竖向静载试验荷载-沉降曲线

6.2.2　成桩质量

智能化双向搅拌桩典型芯样如图 8 所示。由图 8 可知，芯样完整性较高。与双向粉喷桩相比，智能化双向粉喷桩在土层较深（13m）的区域仍能保持较好的完整性。智能化技术可有效解决深土层送灰难题，使得粉喷桩在较深土层中仍有较好的完整性。

图 8　智能化双向搅拌桩典型芯样

7　结语

智能化双向搅拌粉喷桩技术的应用，不仅可以有效提高施工效率和质量，降低工程造价，还可以通过互联网技术实现对桩机施工过程的动态实时监控与数据采集。因此，该技术的推广与应用可以极大地推动搅拌桩施工技术的发展，使其更加适用于现代化工程建设的需要。

参考文献

[1]　中华人民共和国住房和城乡建设部．建筑地基处理技术规范：JGJ 79—2012 [S]．北京：中国建筑工业出版社，2012．

[2]　中华人民共和国住房和城乡建设部，中华人民共和国国家质量监督检查检验总局．复合地基技术规范：GB/T 50783—2012 [S]．北京：中国计划出版社，2012．

[3]　中华人民共和国住房和城乡建设部．建筑桩基技术规范：JGJ 94—2008 [S]．北京：中国建筑工业

出版社，2008.

[4] 安徽省质量技术监督局. 水利水电工程施工质量检验与评定规范　第 1 部分：土建工程：DB34/T 371.1—2014 [S]. 北京：中国水利水电出版社，2014.

[5] 江西省市场监督管理局. 水利工程质量检测规程：DB34/T 2290—2015 [S]. 北京：中国水利水电出版社，2015

下篇

管理总结篇

BIM 二次开发在施工企业多项目管理中的应用研究

马俊杰　庞世洋　黄小恒

【摘　要】随着建筑行业的发展和技术的不断进步，施工企业面临着日益复杂和多样化的项目管理挑战。建筑信息模型（building information modeling，BIM）技术作为现代工程管理的重要工具，其应用已逐渐深入到施工企业的日常管理中。然而，标准的 BIM 软件往往难以满足施工企业多项目管理的特定需求，因此，BIM 二次开发成为提升项目管理效率、优化资源配置、增强企业竞争力的关键。本文详细探讨了 BIM 二次开发在施工企业多项目管理中的应用现状、价值、关键领域、实施策略及挑战与解决方案，旨在为施工企业的 BIM 应用提供全面而深入的参考。

【关键词】BIM 二次开发　多项目管理　效率提升　协同合作

1　引言

施工企业通常同时管理多个项目，这些项目在地理位置、规模、技术要求、进度安排等方面存在差异，这就对项目管理提出了更高的要求。BIM 技术通过构建数字化建筑模型，实现了项目信息的集成、共享和协同，为施工企业提供了强大的管理工具。为了更好地适应施工企业的实际需求，BIM 二次开发显得尤为重要。

2　BIM 二次开发在施工企业多项目管理中的重要性

2.1　提高管理效率

BIM 二次开发可以根据施工企业的具体需求，定制开发适用于多项目管理的功能模块，如项目进度跟踪、成本控制、质量管理等，实现信息的快速传递和集中处理，减少人工干预和错误，显著提高管理效率。

2.2　优化资源配置

通过 BIM 二次开发，施工企业可以实现对多个项目资源的统一管理和优化配置。例如，可以根据项目需求预测材料、设备和人力资源的需求，合理安排采购和调配计划，降低库存成本和闲置率，提高资源利用效率。

2.3　加强协同合作

BIM 二次开发可以强化项目团队之间的协同合作。通过定制化的协同工作平台，不同部门和团队可以实时共享项目信息，进行高效的沟通和协调，减少“信息孤岛”和重复工作，提高整体协作效率。

3 BIM 二次开发的关键领域

3.1 项目管理系统集成

将 BIM 平台与现有的项目管理软件集成，实现数据的无缝对接和共享。通过二次开发，可以定制开发接口和插件，使不同系统之间的信息能够自由流动，提高整体管理水平。

3.2 定制化功能模块开发

根据施工企业的实际需求，开发具有针对性的功能模块。例如，针对进度管理，可以开发实时进度跟踪和预警系统；针对成本管理，可以开发成本估算、核算和控制模块；针对质量管理，可以开发质量检查、验收和记录模块等。

3.3 数据分析和决策支持

利用大数据和人工智能技术，对 BIM 模型中的海量数据进行深度挖掘和分析，为施工企业的决策提供科学依据。通过二次开发，可以定制开发数据分析工具和报表系统，帮助企业快速获取关键指标和趋势分析，提高决策的准确性和及时性。

4 实施策略

4.1 明确需求与目标

施工企业在进行 BIM 二次开发前，首先需要明确自身的需求和目标。通过调研和分析，了解企业在多项目管理中存在的痛点和问题，确定 BIM 二次开发的重点和方向。

4.2 选择合适的开发团队

选择具有丰富经验和专业能力的 BIM 二次开发团队至关重要。开发团队应具备深入了解施工行业特点、熟悉 BIM 技术和项目管理软件的能力，以确保开发成果的质量和实用性。

4.3 分阶段实施与迭代

BIM 二次开发是一个复杂而长期的过程，需要分阶段实施和迭代。在开发过程中，应根据实际情况不断调整和优化开发方案，确保开发成果能够满足施工企业的实际需求。

4.4 加强培训与推广

BIM 二次开发完成后，需要加强员工的培训与推广工作。通过培训使员工掌握新系统的使用方法和技巧，提高系统的应用效果；通过推广使更多的部门和团队了解新系统的优势和价值，促进系统的全面应用。

5 案例分析

5.1 背景介绍

某大型建筑集团在全国范围内同时管理着数十个大型工程项目，涉及水利、市政、公路、轨道等多个领域。为了提升多项目管理的效率和准确性，该集团决定引入BIM技术，并进行了深入的二次开发，构建了专属的BIM多项目管理平台。

5.2 实施过程

（1）需求分析。集团首先组织各部门进行深入的需求调研，明确了项目管理中需要解决的主要问题，如进度滞后、成本超支、质量不达标、“信息孤岛”等。

（2）平台设计。基于BIM技术，设计了一个集成化的多项目管理平台，该平台包括项目进度管理、成本管理、质量管理、安全管理、材料管理、文档管理等多个模块。

（3）二次开发。针对集团特有的管理流程和业务需求，进行了大量的二次开发工作。例如，开发了自定义的进度计划编制工具，支持多级进度计划的编制和动态调整；开发了成本估算和核算系统，能够自动从BIM模型中提取工程量数据进行成本计算；还开发了质量检查App，方便现场人员实时记录和上传质量问题。

（4）系统集成。将BIM平台与集团现有的工程生产管理系统（power production management system，PMS）、驾驶舱系统等进行了集成，实现了数据的无缝对接和共享。

（5）培训与推广。对集团内部员工进行了系统的培训，确保他们能够熟练使用新平台。同时，通过内部宣传和推广活动，提高了员工对新平台的认知度和接受度。

5.3 实施亮点

（1）三维可视化施工模拟。利用BIM技术构建三维模型，进行施工过程的模拟和预演。通过模拟不同施工方案的效果和潜在风险，为决策提供了科学依据。

（2）智能碰撞检测。在模型设计阶段就进行碰撞检测，提前发现并解决设计冲突和错误，避免了施工过程中的返工和延误。

（3）实时进度跟踪。通过BIM平台与现场监控系统的集成，实现了对施工进度的实时监控和跟踪。管理人员可以随时查看项目进展情况，及时调整施工计划。

（4）材料管理优化。利用BIM模型中的工程量数据，进行精确的材料需求预测和采购计划制定，减少了材料浪费和库存积压。

5.4 效果评估

经过一段时间的试运行和持续优化，该BIM多项目管理平台取得了显著成效。项目进度得到了有效控制，成本超支现象明显减少；质量问题及时被发现和处理，工程质量显著提升；“信息孤岛”问题得到有效解决，各部门之间的协同效率大大提高。

6 结语

BIM二次开发在施工企业多项目管理中具有重要的应用价值。通过定制开发符合企业实际需求的功能模块和系统集成方案，可以显著提高项目管理效率，优化资源配置，加强协同合作和提供科学决策支持。施工企业通过探索和应用BIM二次开发技术，推动了企业管理模式的创新和升级。未来，随着技术的不断进步和应用场景的不断拓展，BIM二次开发将在施工企业中发挥更加重要的作用。

EPC 公路工程成本的影响因素及对策

安永帅　任天旺　石建虎

【摘　要】 本文以 A 市 EPC 公路项目为例，就 A 市 EPC 公路项目成本管理体系及其对项目各阶段成本管理的具体措施进行了研究，并在对项目成本管理问题及原因进行深度分析和汇总之后，给出解决项目成本管理的一整套方法，即综合利用项目全生命周期、全过程及全面成本管理的思想，建立健全项目成本管理体系，同时对项目各个阶段的成本管理予以重点关注。本文可为类似的 EPC 公路项目成本管理提供参考。

【关键词】 EPC 公路项目　项目管理　成本管理

1　成本管理理论综述

1.1　概念

成本控制即企业根据先前制定的成本管理目标，在成本产生之前以及在发生过程中根据影响成本的因素和条件，通过采用诸多预防和调整措施，确保达到成本目标的控制行为。成本管理作为其中一个重要因素，决定了企业能否盈利，企业能否盈利则直接决定了企业的生存和发展。成本降低，利润增加，企业实力会不断增强，企业规模也会壮大，进而增强企业在同行业内的竞争力，经营基础就会不断稳定。同时，企业规模壮大，就有实力去进一步扩大市场。伴随着的是企业实力的增强，职工待遇也会稳定提高，企业纳税能力也在增强，一系列社会效应逐步显现。

1.2　项目成本管理目标

企业只有设立明确、科学的成本控制目标，方能确保控制行为是有效的。缺少目标，控制必然会失去方向；若设立不科学的目标，控制行为就会发生偏离。降低成本是成本控制的终极目标。经过控制主体的监督、限制、引导和协调，成本效益在控制目标的作用下逐步提升，分为最终目标和直接目标。其中终极目标是根基，它是成本控制行为的最初目的和归宿的直接体现，直接目标作为成本控制的具体方向，是达到最终目标的重要环节。

2　A 市 EPC 公路项目成本管理实例分析

2.1　成本预测及成本目标

项目成本预测是项目施工过程中一个重要的组成部分，准确的成本预测有助于项目资金的全面开展。在进行项目成本预测时，要结合工程的实际，参考以前实施过的相似项目的最终成本，力求准确。成本预测要有前瞻性。

分部分项工程成本预测结果见表1，工程措施预测见表2，管理费用预测见表3，总成本预测见表4。

表1　　分部分项工程成本预测结果

费用类别		工程量	单价/元	工程总价/元	费用合计/元
人工费	道路/工日	16347	200	3269400	11871400
	桥梁/工日	24560	200	4912000	
	基础设施/工日	12780	200	2556000	
	附属工程/工日	5670	200	1134000	
材料费	混凝土/m^3	36736.76	350	12857866	36097610.06
	钢筋/t	4567.13	3780	17263751.4	
	混凝土加气块/块	8345.78	158	1318633.24	
	干拌砂浆/t	13978.35	230	3215020.5	
	涂料/t	2567.9	368	944987.2	
	水泥/t	1678.45	62	104063.9	
	砂/t	960.34	73	70104.82	
	石/t	760.45	280	212926	
	土方/t	290.15	380	110257	
机械费	挖掘机/台班	2678	1500	4017000	12992200
	起重机/台班	1930	1800	3474000	
	压路机/台班	980	2300	2254000	
	自卸汽车/台班	3690	880	3247200	
总计					60961210.06

表2　　工程措施费预测表

费用类别	预测成本/元	备注
环境保护费	35000	定时清理工地周边环境，确保工地附近环境良好
文明施工费	50000	该工程项目的宣传牌、标志牌
安全施工费	150000	安全材料、防护措施费用
临时设施费	100000	办公场地费用
夜间施工费	50000	基层摊铺费用
二次搬运费	100000	
大型机械设备进出场及安拆费	50000	发电机、水泵等使用费用
混凝土、钢筋混凝土模板及支架费	50000	
脚手架费	10000	
已完工程及设备保护费	50000	
施工排水、降水费	80000	
总计	725000	

表 3　　管理费用预测表

费用类别	预测成本/元	备注
管理人员工资	2000000	基本工资、奖金、补贴、加班加点工资等
办公费	30000	办公所用的文具等费用
差旅交通费	20000	
固定资产使用费	40000	属于固定资产的房屋、设备等的折旧、维修或租赁费
劳动保护费	50000	职工按季节发放的工作服、手套、防暑降温用品等费用
检验试验费	800000	施工过程中对已完成工作的状况进行检验、对施工效果进行试验的费用
财产保险费	100000	用于保护施工过程中涉及的财产所用到的费用
总计	3040000	

表 4　　总成本预测表

费用类别	成本预测/元	备注
分部分项工程费用	60961210.06	
工程措施费	725000	
管理费用	3040000	
成本报价	64726210.06	

2.2　施工阶段的成本管理

2.2.1　施工现场成本管理

（1）加强合同落实。在项目实施过程中，落实合同是重要的，签订合同后，项目管理人员要严格按照合同施工，并且让每一个项目参与者都了解合同相应事宜，有利于划分职权范围，从而更好地完成成本管理工作。在施工过程中也要依据合同内容来满足业主要求，以减少不必要的返工或罚款，进而造成成本损失。

（2）材料控制。采购人员要对材料的品控负责，要使用物美价廉的材料，同时要保证材料的质量。材料进厂时一定仔细验货，确保购入的材料质量合格，发现问题及时处理，拒绝签收不符合工程施工要求的材料。材料购入后要合理堆放，合理布置，减少仓库保管费用。

（3）控制机械投入量。施工单位要采用多功能机械，保证机械的使用效率。项目部应与机械公司签订租赁合同，以计件制控制机械的成本，保证机械的连续作业。

（4）加强施工质量控度。每道工序完成之后要及时进行技术交底，将此道工序进行过程中出现的问题和要达到的质量要求传达到施工人员。在施工过程中，要定期进行施工检查，制定质量检查制度，增加检测频率。

2.2.2　设计变更成本分析

施工过程中对现场道路进行进一步的检测发现，道路表面多处出现开裂、下沉等现象。原因是设计时未考虑到重型车辆的因素。所以，为了保证道路的承载力，更好地缓解交通拥挤现象，保证道路质量，决定对该工程进行设计变更。工程变更前后费用及增加的费用见表 5。

表 5　　工程变更前后费用及增加的费用

费　用　类　别		费用金额/元	费用合计/元
设计变更前	拆除工程	78563.9	813884.8
	沥青混凝土	678930.5	
	渣土外运	56390.4	
设计变更后	拆除工程	789480.9	4288983.06
	沥青混凝土	2674877.56	
	水泥稳定层	356793.9	
	渣土外运	467830.7	
增加的费用		3475098.26	

变更后的造价比原来多，主要原因在于事先没有考虑周全造成，部分原因在于施工现场的环境影响，施工企业根据实际情况及时变更工程设计，使之更加符合工程项目的实用性，保证了施工质量。虽然造成了一定的成本损失，但是设计变更后有利于道路结构的整体稳定性，同时利于掌控道路实际完成情况和成本控制情况。

2.3　成本影响因素分析

2.3.1　项目决策报建阶段成本管理中存在的问题

（1）成本分析不够专业。施工企业虽然对项目的可行性进行了分析研究，但是在报建阶段进行项目决策时将相关任务分解到相关的工程部、市场部和财务部，而市场部负责项目的市场调研，工程部门进行项目目标成本制定，财务部负责项目利润的估算，各个部门都是自成体系的，都是从自身角度出发，不能站在全局的角度把控问题，各个部门将分析的数据直接交给公司的高层领导，这些数据没有得到专业部门的核对和分析，增加了项目运行的风险。

同时，各个部门的工作人员对成本管理概念的理解不同，且各个工作人员的水平参差不齐，更多是依据自身的经验来对项目进行分析，难以将项目的成本管理落到实处。

（2）前期工程费用过少。前期可行性研究费用和前期工程费用所占比例见表 6。

表 6　　可行性研究费用和前期工程费用所占比例

费　用　类　别	金额/万元	比例/%	一般占比/%
前期可行性研究费用	25	18.4	30
前期工程费用	136	1.3	10
整个项目费用	10255.41		

由表 6 可知，该项目前期可行性研究费用仅占前期工程费用的 18.4%，而一般可行性研究费用占比为 30%；前期工程费用仅占整个项目费用的 1.3%，一般前期工程费用占比为 10%，由此可知企业对项目决策阶段不够重视，不管是前期可行性研究费用还是前期工程费用都占很小一部分。事实上前期的决策对于整个项目的实施起着关键的作用，决

策阶段所耗费的资金在成本中所占的权重较小，且该阶段的成本管理属于事前成本管理，故往往得不到公司领导层的足够重视。这一阶段，没有很好地建立起成本管理的理念，给项目的后续进展造成了一定的隐患。

2.3.2 项目设计阶段成本管理中存在的问题

（1）设计费用不足。设计费用所占比例见表7。

表7 设计费用所占比例

费用类别	金额/万元	比例/%	一般占比/%
设计费用	370	27.2	35
前期工程费用	136		

由表7可知，设计成本在成本管理中占据重要地位，一般设计费用占前期工程费用的35%左右，而该项目设计费用仅占前期工程费用的27.2%，设计过程在整个前期过程中属于极其重要环节，忽视设计费用可能会导致一系列重大问题。

（2）忽视设计单位的资质和能力。在选择设计单位时只重视设计费用，不重视设计单位的资质和能力，签订合同时只对设计的进度、设计费用和设计范围等进行约束，对设计单位约束较少。同很多建设工程项目一样，该项目有设计单位经济观念淡薄、成本管理意识较弱的问题，在项目设计时对项目造价几乎没有要求，因为设计单位设计时只需保证工程技术要求即可。

3 A市EPC公路项目成本管理措施

3.1 设计阶段成本控制

（1）采用招投标的方式选择合理设计方案，优化设计。诚邀行业中具备较强实力的设计单位编制设计方案，并通过竞投的方式组织行业专家对设计方案进行详细评比，从而确定最好的设计单位。虽然支付给中标单位外的设计单位一部分费用，但与选择优质的设计单位相比，其在设计优化、降低成本方面节省的成本要多于支付给不中标单位的费用。

（2）实行限额设计，有效控制成本。当前大部分设计人员实际上并不熟悉预算定额和施工材料的市场价格，加之设计人员过于关注项目功能和质量，从而造成了一定的成本增长。因此，一定要用项目投资估算去控制初步设计概算，初设完成后要提供设计概算，后以设计概算控制施工图设计概算。限额设计的目的有两个，一是考核设计指标的适用性，二是确定其能否被设计院所接受，因此在实际应用中要谨慎选择。

3.2 实施阶段成本控制

招投标阶段的成本控制，牵涉到工程设计、材料采购、成本管控、市场营销等各个职能部门，主要包括投标单位的选择（资格审查）、招标文件（包括投标要求、施工图纸、成本预算、设备物资的规格与型号、工程承揽方式、招投标阶段的答疑等）的制定、评标、定标等。

招投标成本控制措施如下：

（1）通过招标程序挑选信誉好的施工队伍。鉴于现在许多施工队伍都采用挂靠的形式（个体老板通过挂靠有资质的企业去承揽工程项目），所以对施工方的资格审查就显得非常重要。资格审查要重点考查该施工队伍的施工业绩、资质信誉、财务状况，并且不能流于形式，凡是出现过严重工程质量事故的施工方，要在资格审查的时候将其排除在外。

（2）严谨制定施工合同，完善合同条款。①合同措辞要严谨，减少争议，确保不发生纠纷；②制定详细的合同条款；③关注合同变更。

3.3 采购环节成本控制

以目标成本为基础，制定采购计划，若没有完全足够的理由，不能超过目标成本。

（1）实行归口管理。物资采购归口部门为设备物资部，力争实行集中采购，从而降低采购成本。

（2）采用科学的采购分工方式。企业须从上到下地对施工成本进行管控。采购流程的制定要确保合理分工、责任明确、流程清楚、合理规范。

（3）最大限度地降低材料采购成本。尽量采取外部配送的方式运送材料，方能保证企业在材料采购环节就可以节约部分采购成本费用；确定长期的材料设备供应商，建立合格的供应商库，并对供应商开展定期评价，同时补充项目部、市场部的意见。力争与长期评价好且实力强的供应商结成长期合作伙伴关系。

4 结语

本文以A市EPC公路项目为例，从项目决策、设计等各阶段出发，对项目的成本管理进行全面的分析，运用项目成本管理的相关理论，分析项目成本管理中存在的问题，提出解决问题的措施。本文在结合实际情况的同时，对项目各重要阶段的成本管理与控制进行了详细的论述和分析，并且通过A市EPC公路项目的经验，论证只有通过科学化的决策、专业化的管理，力争使建设项目的产品品质更高、成本更低、更加贴近建设需求，才能使所建设的项目更具综合竞争力，从而维持企业的生存和发展。

参考文献

[1] 徐刚．公路工程项目成本管理与成本控制措施［J］．大众标准化，2023（6）：81－82，85．
[2] 罗万洪．探究公路项目施工成本影响因素与有效控制措施［J］．中华建设，2023（3）：41－43．
[3] 许文金．高速公路工程预算管理及成本控制要点分析［J］．科技创新与应用，2023，13（5）：124－126，130．
[4] 丁兰．绿色公路工程造价预算与成本控制优化策略研究［J］．工程技术研究，2023，8（2）：133－135．
[5] 龙强．公路工程施工成本控制中的合同管理［J］．运输经理世界，2022（33）：62－64．
[6] 周丽君．公路工程投标预算编制及施工成本控制［J］．中国招标，2022（11）：157－158．
[7] 李鹏飞．浅谈市政公路工程成本管理与控制［J］．城市建设理论研究（电子版），2022（31）：125－127．
[8] 林丽．公路工程PPP项目施工成本控制研究［J］．四川建材，2022，48（10）：207－208．
[9] 冉东．公路工程计量对预算成本控制的影响［J］．运输经理世界，2022（28）：50－52．
[10] 杨欣慰．高速公路工程的成本预算与控制［J］．中国高新科技，2022（17）：104－106．
[11] 杨忠华．公路工程施工成本控制［J］．江苏建材，2022（4）：71－72．

［12］ 张晓静．公路工程合同管理在项目成本控制中作用分析［J］．大众标准化，2022（15）：105－107．
［13］ 郭莉英．公路工程概预算中存在的问题及对策［J］．运输经理世界，2022（20）：29－31．
［14］ 窦杏芝．公路工程合同管理在项目成本控制中的作用［J］．大众标准化，2022（13）：70－72．
［15］ 吴昌泰．公路工程物资采购管理及成本控制分析［J］．运输经理世界，2022（19）：46－48．
［16］ 刘海燕．市政公路工程的成本管理和控制措施［J］．中国住宅设施，2022（6）：145－147．

构建“一核双线三维”立体监督体系一体推进水利施工企业“三不”创新研究

王韵森　黄匡曦　李汝晓

【摘　要】习近平总书记在党的二十大报告中指出，“只要存在腐败问题产生的土壤和条件，反腐败斗争就一刻不能停，必须永远吹冲锋号。坚持不敢腐、不能腐、不想腐一体推进，同时发力、同向发力、综合发力”。党的十八大以来，习近平总书记提出要构建“不敢腐、不能腐、不想腐”的有效机制，深化标本兼治，构建良好政治生态，这对国有企业把严的基调长期坚持下去、高质量推进党风廉政建设和反腐败工作指明了方向，并为国有企业在新的历史起点上推动反腐败斗争取得压倒性胜利提供了重要支撑。国企是共和国的“长子”，为我国的经济建设作出了巨大的贡献，是中国特色社会主义的重要物质基础和政治基础。长久以来，国资系统、纪检组织聚焦主责主体主线，扎实推进党风廉政建设和反腐败工作。本文结合水利施工企业——中国电建市政集团安徽工程建设有限公司（以下简称“安徽公司”）纪委在一体推进不敢腐、不能腐、不想腐中总结形成的“一核双线三维”框架体系，使理论与具体实例相结合，阐述了安徽公司高质量推进“一核双线三维”立体监督系统的具体方法。本文具有一定的独创性、实操性，对推进国有企业构建“不敢腐、不能腐、不想腐”的有效机制具有实用价值。

【关键词】立体监督体系　一体推进“三不”

1　研究背景和意义

习近平在十九届中央纪委六次全会上指出，腐败和反腐败较量还在激烈进行，并呈现出一些新的阶段性特征，防范形形色色的利益集团成伙作势、“围猎”腐蚀还任重道远，有效应对腐败手段隐形变异、翻新升级还任重道远，彻底铲除腐败滋生土壤、实现海晏河清还任重道远，清理系统性腐败、化解风险隐患还任重道远。要保持反腐败政治定力，实现不敢腐、不能腐、不想腐一体推进战略目标。国有企业落实习近平总书记和中央关于构建纪检监察体系的各项决策部署，就要构建党统一领导、全面覆盖、权威高效的监督体系。履行监督职责是国有企业纪委必须担负的重大政治责任，《中国共产党党内监督条例（试行）》第八条规定，党的各级纪律检查委员会是党内监督的专门机关，对党员领导干部履行职责和行使权力情况进行监督。

构建“一核双线三维”立体监督体系组织框架（图1）是中国电建市政建设集团纪委强化政治监督的具体实践，通过聚焦安徽公司及所属单位，坚持政治引领，强化政治建设，深化政治监督，持续形成惩治震慑，持续形成制度约束，一以贯之推进全面从严治党的具体做法，阐述纪检组织如何在国有企业中落实不敢腐、不能腐、不想腐的基本方针，对推动国有企业一以贯之地推进全面从严治党、标本兼治的叠加效应和综合效能持续放大具有借鉴意义。

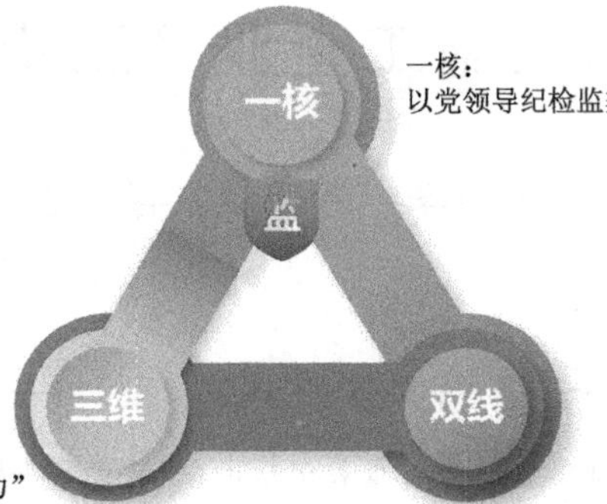

图 1　“一核双线三维”立体监督体系组织框架

2　国有企业内部监督面临的问题

（1）在思想上要加强构建监督体系极端重要性的认识。国有企业要牢固树立“四个意识”，坚定“四个自信”，做到“两个维护”，深刻把握政治站位、职责定位，紧紧围绕企业的核心使命强化政治监督，充分发挥监督保障执行、促进完善发展作用。国有企业纪检组织要围绕国有企业重点领域和腐败问题多发环节组织专题调研，找出病灶症结，以审查调查实践形成制度化成果促进规范治理，以高质量监督护航国企高质量发展。然而，当前国有企业内部少数干部对构建国企监督体系认识不足，片面理解加强党风廉政建设是公司纪委工作，经营生产干部只需管好企业经营生产工作，未能深刻理解构建企业监督体系是事关国有企业全局性、长期性的工作，未能深刻认识构建企业监督体系是维护国有资产安全的迫切需要。

（2）在推进中要实现构建监督体系更完备更管用。习近平总书记在全国国有企业党的建设工作会议上强调“整合监督力量，形成监督合力”。一直以来，国有企业纪检组织能够认真贯彻落实总书记的要求，在加强监督、整合监督力量方面作出了大量实践探索，取得了显著成效。然而，当前国有企业在推进监督工作中，仍然存在内部监督制度不够健全、覆盖不够到位、责任不明晰等短板，需要建立一整套更完备、更管用的制度体系。

3　构建“一核双线三维”立体监督体系的方法途径

（1）以党领导纪检监察工作为核心，即“一核”。围绕“政治监督”明确主线，抓旗帜领航、抓培根铸魂、抓作用发挥，发挥纪检工作凝聚做强做优做大国企磅礴力量的监督效能。

1）永做党和国家最可信赖的依靠力量。“党政军民学，东西南北中，党是领导一切的"。坚持和加强党的领导是纪检工作的根本政治原则。党的十八大以来，党中央制定修订了一系列党内法规，特别是修订《中国共产党党内监督条例》，着力解决党内监督制度不够健全问题。日常工作中，安徽公司纪委围绕党的领导，把贯彻党内监督条例作为首要工作，在"政治监督"上发力，发挥纪检工作凝集做强做优做大国企磅礴力量的监督效能。安徽公司纪委以政治监督为统领，以"关键少数"和重要岗位为重点，以"治末病、防未然"为目标，认真落实《中国共产党纪律处分条例》《中国共产党问题条例》等规章制度，全面履行监督基本职责、第一职责。

一是把对党委做到"两位维护"落实国企姓党的政治监督工作摆在首要位置。安徽公司纪委重视对广大党员干部学习贯彻落实习近平总书记重要讲话精神和中央重大决策部署的监督检查力度。督促党委建立了落实总书记重要指示批示精神和党中央重大决策部署工作台账，严格落实"第一议题"制度，全面履行"把方向、管大局、促落实"职责，贯彻党和国家路线方针政策。在股份公司"双引双建"工作中，安徽公司纪委按照党委部署强化监督，着力在规范组织、学习提质、率先垂范、实践转化四个方面下功夫，引导全体党员干部在思想上政治上行动上同以习近平同志为核心的党中央保持高度一致，把政治引领成果转化为做好当前各项工作、推动企业高质量发展的强大动力。在具体工作中，安徽公司纪委聚焦"国之大者"细化党内监督的具体内容，设置三项监督重点要素：加强对学习贯彻习近平新时代中国特色社会主义思想的监督；加强对贯彻党章和其他党内法规，遵守政治纪律和政治规矩等情况的监督；加强对党的政治建设和落实党内政治生活情况的监督。

二是把对党委紧扣"三新一高"推动改革发展的政治监督工作摆在突出位置。安徽公司纪委督导党委部署创新驱动发展战略、决战决胜国企改革三年行动、落实"十四五"规划等"国之大者"的重点任务，服务于公司党委重点围绕转型升级、提质增效、结构调整开展工作。安徽公司党委紧扣高质量发展课题，针对中国电建市政集团有限公司"十四五"规划，督促公司上下致力于将自己打造成为国内工程建设施工管理能力卓越、城市基础设施与水生态建设特色鲜明的建筑工程服务商，永做党和国家最可信赖的依靠力量，其中安徽公司引江济淮项目党支部重视新工艺、新技术开展技术攻关，荣获水利部表彰。

2）充分发挥党内监督在监督体系中的核心作用。纪检监督最根本的是强化党内监督，因此，坚持和完善企业内部监督体系必须发挥党内监督的主导作用、核心作用。安徽公司纪委围绕"政治监督"明确核心主线，抓旗帜领航、抓培根铸魂、抓政治引领，开展遵守党章党规、维护党中央集中统一领导等党内监督的具体工作。党内监督体系示意如图 2 所示。

一是在旗帜领航中提升政治领悟力。旗帜所指，便是方向。安徽公司纪委在习近平新时代中国特色社会主义思想伟大旗帜下，强化全面从严治党监督责任，督促安徽公司党委把学习贯彻习近平新时代中国特色社会主义思想作为首要政治任务，不断提高政治领悟力。安徽公司党委持续深化"第一议题"制度，及时跟进学习习近平总书记最新重要讲话精神，深入学习研讨习近平总书记关于经济发展、科技创新、国企改革发展和党的建设重要论述。安徽公司始终对"国之大者"心中有数，把"两个维护"落实到具体管理监督中，其中引江济淮项目党支部创刊《在真理旗帜引领下》，收录习近平总书记重要指示批

图 2　党内监督体系示意图

示精神文章。

二是在培根铸魂中提升政治判断力。政治判断力越强，企业发展道路越清晰。安徽公司纪委督促党委牢记为党工作是首要工作，稳步推进企业领导体制、产权结构、治理结构改革等工作，进一步优化重塑公司治理结构、运转机制和制度体系，持续推动总部机构改革、三项制度改革，有效激发了企业内生动力和活力。安徽公司全面加快中国特色现代企业建设步伐，实现各治理主体协调运转、有效制衡，建立更加成熟的中国特色现代企业制度。

三是在作用发挥中提升政治执行力。为党工作是首位工作。安徽公司聚焦党员干部理想信念，把党员干部提升作用发挥作为深刻理解“国有企业六个力量”的重中之重。按照安徽公司党委要求，纪委盯紧广大党员，淬炼“四型党员”：始终把监督融入党员作风发挥中，引导党员在遵守党章党规、一线施工项目攻坚克难中争当“优秀型”党员；始终把监督融入党员价值创造中，引导党员在市场开拓、项目履约、管理提升上当先锋，争当“效益型”党员；始终把监督融入到党员“两个平安”中，引导党员在安全防控中讲平安，在廉洁防控中讲平安，争当“安全型”党员；始终把监督融入到党员责任履行中，引导党员在“我为群众办实事”“履行社会责任”“助力乡村振兴”上当模范，争当“服务型”党员。安徽公司承建的工程产品质量一次验收合格率在98%以上，工程（产品）质量交付合格率为100%，合同保证条款履约率为100%，未发生任何质量事故，其中引江济淮项目纪检组织配合党支部开展“党员积分制”活动，以加强党的领导为核心，监督党员干部在施工生产上履职尽责，荣获中华全国总工会“工人先锋号”荣誉。

（2）专责监督防线依托“223”工作法突出惩防并举、内外监督防线构建“双层”大监督突出标本兼治，即“双线”，围绕“联动监督”密织双线，抓知责于心、抓担责于身、抓履责于行，发挥纪检工作监督经营生产既不越位又不缺位的效能作用。

1）专责监督防线依托“223”工作法突出惩防并举。安徽公司纪委着眼于“2种监督体系”、着手于“2招监督创新”、着重于“3个监督平台”，总结提炼“223”专责监督工作法，构建覆盖企业全层级、全流程的“纵向到底、横向到边”的监督网络，建成“多面一体”的专责监督格局。

一是着眼于“2种监督体系”，见微知著，靶向延伸。纪检部门在充分发挥纪检组织监督作用的同时，主动下移探头、下移关卡，针对基层单位领导班子、基层单位部门及关键岗位监督难的问题，探索建立党风廉政员、特聘纪检员等模式，让监督紧扣根本、融入日常。探索党风廉政员监督体系：基层单位围绕监督岗位探索党风廉政监督新途径，安徽公司制定《党风廉政监督员管理办法》，每年在各个部门聘任一名公道正派的党员作为所在部门的党风廉政监督员，负责所在部门重要制度的审定、重要工作流程的督促例如引江济淮项目党支部党风廉政监督员按季度向党支部反馈本部门管理可能存在的问题和廉政风险并向本部门负责同志反馈。抓好纪委办抽查监督体系：纪检部门每年随机对基层单位工作开展情况进行抽查，重点检查“重大事项决策、重要干部任免、重大项目投资决策、大额资金使用”相关内容，抽查监督采取“三不二直”，即“不打招呼、不听汇报、不用陪同、直奔现场、直奔主题”的方式开展基层单位突击检查，并在监督检查中采取查阅资料、开展谈话、问卷调查等方式，督促相关单位抓好党风廉政建设工作。

二是着手于“2 招监督创新”，推陈出新，实用管用。纪检部门因地制宜、因时制宜创新监督方式方法，让监督务实高效、简便易行。创新监督培训手段，将新媒体运用与业务深度融合起来：构建监督员电建通 App 交流培训群，适时开展监督人员培训工作，鼓励监督人员在监督工作中利用“碎片时间”随时随地学习；构建“说廉”平台，宣贯中央和国务院国有资产监督管理委员会、中国电建市政建设集团有限公司有关监督工作的重大决策部署、重要会议精神。创新监督评判标准，营造守正干事价值取向：一直以来，安徽公司在监督结果运用方面存在事后处置现象，可能出现监督过程中发现问题却提醒不到位、惩处不及时、问责不主动，导致监督对及时纠正错误、迅速扭转问题作用不明显，因此纪检部门创新采取“动态处置＋广泛提醒”方式，监督发现问题第一时间进行动态处置，另外对监督发现的问题剖析共性原因，及时披露问题，及时提醒类似岗位人员，达到监督发现问题一个、教育警示一群的良好效果；在监督结果运用方面，纪检部门坚持严管与厚爱并重、激励与约束结合，健全容错纠错机制并作相应处置。

三是着重于“3 个监督平台”，组合资源，注重效果。纪检部门注重开展监督的保障工作，建设信息、人才、制度支撑平台，提升监督工作保障的质量和效果。打造讯息互通支撑平台：纪检部门作为讯息传导中枢，以信息化手段实现各层级监督讯息互联互通，发挥联动效果，向下传达上级精神、工作动态、年度重点工作，向上收集基层监督动向、如实反映基层监督难题。打造人才储备支撑平台：纪检部门以专兼职纪检干部为基础，融入审计、法律、人资、物资、分包等领域专业人才力量，依托人才储备支持平台，监督基层单位内部经济活动，实现监督力量富集充沛。打造制度保障支撑平台：纪检部门将党章党规党纪和企业内部管理制度收集汇总，开展解读制度、学习制度活动，让监督人员做到关键制度全掌握、重点条款全厘清，提升对监督事项的分辨能力和监督重点的理解能力，在监督中能够发现重大风险或潜在问题。

“223”工作法示意如图 3 所示。

2）内外监督防线构建“双层”大监督突出标本兼治。安徽公司纪委围绕公司改革发展大局大势，全力推进清廉电建建设，着力营造风清气正、干事创业的良好政治生态，依托“双层”大监督格局，充分发挥纪检工作监督经营生产既不越位又不缺位的效能作用。

一是凸显职能部门“内层”监督的关键作用，筑牢内部监督协同防线。安徽公司纪委督促内部职能部门负责落实好各自的监督手段，盯紧权力集中、资金密集、资产富集的各

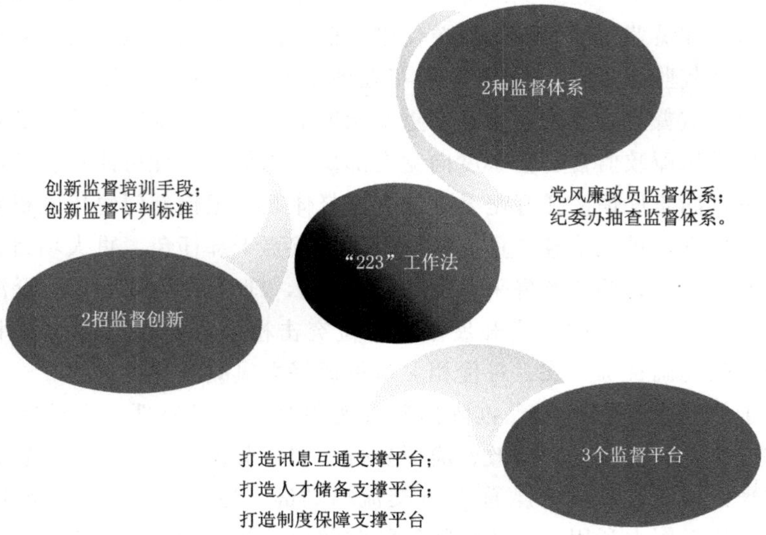

图 3　“223”工作法示意图

个环节，履行好管权、管事、管人的“全业务、全周期”管理体系，锻造“纵向到底、横向到边”的内部部门联动监督体系。纪检部门履行监督执纪问责主责主业，通过发挥职能优势不断提升监督检查作用；党群部门主要监督本领域党组织和党员干部遵守党章党规情况；财务部门主要监督本领域资金申报审批和使用情况；工程部门主要监督本领域工程分包结算情况；审计部门主要监督本领域执行国家财经制度情况；组织人事部门主要监督本领域干部选拔任用情况。安徽公司纪委坚持每年与职能部门签订党风廉政责任状，坚持每季度召开内部职能部门监督联席会，定期收集内部职能部门监督工作开展情况，通过筑牢内部部门监督防线，让各职能部门将风险防范融入本领域业务流程，真正实现“业务谁主管，监督谁负责”预期效果，筑牢内部监督防线，让内部监督落地生威。

二是借助外部资源“外层”监督的协助功效，拓宽外部监督统一战线。安徽公司纪委坚持把政府监督、外部审计监督、业主监督、新闻监督、舆论监督等方式融合起来，统筹多方力量加强对权力运行的制约监督，让外部监督资源为我所用，使外部监督资源为我发声。围绕企业重大生产经营中的重要事项广泛征集政府纪检部门监督意见，提高企业核查、处置和督办的效率；围绕企业干部职工作风建设中的表现情况征集新闻媒介和舆论的评价，营造企业干事创业和守正创新的良好氛围。安徽公司纪委坚持定期拜会地方纪检组织，定期收集新闻媒介讯息，不断拓宽外部监督统一战线，让外部监督落地生畏。

（3）事前维度围绕“同时发力”、事中维度围绕“同向发力”、事后维度围绕“综合发力”，即“三维”，围绕“全面监督”筑牢维度，抓事前预防、抓事中控制、抓事后问责，发挥体系协同优势增强企业监督的严肃性、协同性、有效性。

安徽公司监督企业完善管理体制，健全纪检各项制约制度，通过“事前预防、事中控制、事后问责”三个维度，实现不敢腐、不能腐、不想腐一体推进战略目标，增强企业监督严肃性、协同性、有效性。“三维”监督体系示意如图 4 所示。

1）事前维度围绕“同时发力”，抓廉洁文化是否落地。安徽公司纪委弘扬“学廉崇廉

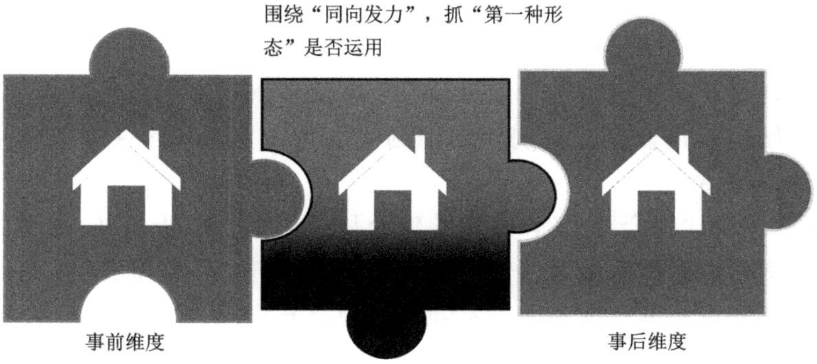

图 4 “三维”监督体系示意图

尚廉”核心理念，深刻把握廉洁文化建设的阶段性特征，推进廉洁文化“四必进”“五融入”，从“节日促廉”“讲座促廉”“答题促廉”“宣传促廉”四方面入手，在解决实际问题上出实招、见实效。创建廉洁岗位：安徽公司纪委把廉洁从业的要求融入岗位职责，要求各基层单位创建廉洁岗位，把廉洁文化建设与对标达优、优秀党员评选、青年岗位能手和青年技术带头人培养等工作结合起来，发挥廉洁文化的渗透和教化功能，例如引江济淮项目党支部启动廉洁示范部门创建试点工作，促进项目各岗位依法守纪合规经营创效，让廉洁文化“从幕后走上前台”。倡行清廉家风：安徽公司纪委以领导干部家庭为重点，要求各基层单位开展多种形式的“家庭助廉”教育实践活动，提高家庭成员廉洁意识、法律意识和自律意识，创造良好的家庭廉洁文化氛围；把廉洁文化建设与家庭美德教育结合起来，共建幸福、和谐家庭。

2）事中维度围绕“同向发力”，抓“第一种形态”是否运用。安徽公司纪检部门运用好“第一种形态”，并对“第一种形态”进行再监督。

一是监督是否抓早，主要是看各基层单位运用“第一种形态”是否做到早提醒、早布置、早发现。安徽公司在用好“四种形态”的“第一种形态”上坚持思想教育、政策感化、纪法威慑相结合，督促基层党组织、纪检组织发挥好日常监督作用，加强对党员、干部的经常性监督和全方位管理；安徽公司通过加强党风党纪和法律法规教育，筑牢权责观念、法治思维和自律意识，自觉抵制消极腐败现象。安徽公司注重在“四种形态”的“第一种形态”上发力，发挥苗头性、倾向性或轻微违纪问题，及时约谈提醒、批评教育，让“红脸出汗”成为常态，例如引江济淮项目党支部做好青年员工谈心谈话，将岗位风险和年轻人说到位、谈透彻。

二是监督是否抓小，主要是看各基层单位运用“第一种形态”是否做到发现小风险、小隐患、小问题。安徽公司纪委以事实为依据，以党纪为准绳，防止“小问题”演变成“大错误”。紧盯违规发放津补贴或福利、违规配备使用公务用车、违规乘坐交通工具、违规收送礼品礼金、违规公款吃喝及大办婚丧喜庆、公款组织旅游等老问题，深挖细查收送电子红包、私车公养等“四风”问题隐形变异的种种表现，防止老问题复燃、新问题萌发。针对提质增效等重点任务、经营风险较大的境内外大型项目，以及影响或制约企业改革发展的突出问题开展专项研究。聚焦工程分包、工程招标等廉洁风险点，重点查处利用职务之便徇私舞弊、收受贿赂和权钱交易等问题。围绕巡察整改问题清单、责任清单以及整改情况报告，通过开展明察暗访、抽查核实等方法巡察问题整改是否到位。通过对“第一种形态”的运用进行再监督，实现事中控制维度有力，避免苗头性、倾向性的问题扩大，让公司职工不能腐。

3）事后维度围绕“综合发力”，抓考核惩处是否执行。动员千遍，不如问责一次。安徽公司把事后问责作为利刃高悬，监督各级纪检组织问责是否真实开展，切实解决党组织管党治党宽松软、软弱涣散、战斗堡垒不强的问题，充分营造失责必究、问责必严的政治氛围。安徽公司纪委充分利用典型违纪违规违法案件开展多种形式的警示教育，把案例警示教育作为党建内容融入日常工作，纳入“三会一课”、党委中心组学习，促使党员干部特别是领导干部以案为鉴、闻警自省。坚持一案一通报、一案一警示，充分发挥典型案件警示教育作用。安徽公司坚持严管厚爱结合、激励约束并重，落实“三个区分开来”要求，健全容错纠错机制，宽容干部在工作中特别是改革创新中的失误，旗帜鲜明地为敢于担当的干部担当，保护干部干事创业的积极性。此外，安徽公司对没有发生违纪违法案件的单位，采取指定案例和自选案例相结合的方式开展以案促改活动，与作风建设、廉洁教育、警示教育等相结合，在潜移默化中夯实干部“不想腐”的思想根基。

4 构建“一核双线三维”立体监督体系取得的成效

（1）党的领导核心作用不断增强。安徽公司立足“一核”，明确“政治监督”主线，把学习贯彻习近平总书记重要思想同谋划企业长远战略具体效能结合起来，同解决企业实际问题结合起来，实现党委贯彻落实党中央各项决策部署更加坚定坚决，党委领导核心作用不断增强，企业政治生态持续向好向优转变，引领保障企业高质量发展的作用凸显。安徽公司纪委通过督促企业围绕加强党的领导，推动“十四五”规划各项任务和党建目标有效落实落地。安徽公司纪委结合公司各年度重点工作，围绕国企改革三年行动、科技兴企发展战略实施等方面加强监督检查，在科技创新、攻坚创效、风险防控、从严治党等方面发挥支撑作用，压紧压实各级党组织疫情防控责任，党的领导核心作用不断增强，发挥纪检工作凝聚做强做优做大国企磅礴力量的监督效能。

（2）党风廉政建设持续向基层延伸。安徽公司纪委立足“双线”，有效发挥党委主体责任、纪委监督责任、党委书记第一责任、班子成员“一岗双责”四责协同机制，提升党风廉政建设和反腐败工作质量和水平。尤其是围绕“联动监督”密织双线，抓知责于心、抓担责于身、抓履责于行，通过不断调整全面从严治党工作的着力点，使工作目标不断向制约企业发展的深层次问题聚焦，监督重点不断向基层下沉，尤其是通过整合专责监督和内外监督力量，先后开展财经纪律专项、建筑物资建筑构件采购专项、整治“靠企吃企”问题等监督检查工作，发挥好业务部门熟悉业务、职能部门熟悉政策的优势，跟进执纪问责，企业“顽瘴痼疾”得到较好解决，发挥纪检工作监督经营生产既不越位又不缺位的效能作用。

（3）有力保障企业日常合规经营。安徽公司纪委立足“三维”，围绕“全面监督”筑牢维度，层层压实企业内部管党治党政治责任，日常工作和监督举措之间的梗阻环节基本打通，“两个责任”有效衔接，实现落地见效。安徽公司纪委对防控重点领域重大风险和保障公司战略落地、合规经营等重大事项，以及公司招投标、财务资金、设备物资采购、工程分包等重点领域的监督重点实现全面覆盖。此外通过完善监督联席会议制度、专题会商制度、信息共享制度等，畅通部门间沟通渠道，纪检、巡察、审计、财资、党建、人事等部门定期沟通情况、交流信息，不断完善议事、执行、保障和考核制度，形成问题会商、联动处置、督查督办、成果共享等工作机制，抓事前预防、抓事中控制、抓事后问责，发挥体系协同优势增强企业监督的严肃性、协同性、有效性。

5 结语

党的二十大报告在回顾十年来取得的成绩时指出，我们开展了史无前例的反腐败斗争，以“得罪千百人、不负十四亿”的使命担当祛疴治乱，不敢腐、不能腐、不想腐一体推进，“打虎”“拍蝇”“猎狐”多管齐下，反腐败斗争取得压倒性胜利并全面巩固，消除了党、国家、军队内部存在的严重隐患，确保党和人民赋予的权力始终用来为人民谋幸福。腐败是危害党的生命力和战斗力的最大毒瘤，反腐败是最彻底的自我革命。经过多年的探索和研究，安徽公司在一体推进“三不”中构建形成“一核双线三维”立体监督体系，是一套符合企业特色且较为科学实用的方法。然而，从严治党永远在路上，随着监督目标、监督对象的不停转变，监督手段、监督程序也应随之调整改变，相应的监督体系也需要在变化中适应企业特色特点，让监督实现科学有效、边界清晰、立体覆盖等目标，达到牢固构建国有企业“不敢腐、不能腐、不想腐”的有效机制，构建良好政治生态。

基于“严重违反用人单位的规章制度的”条款的实证分析与合规意见

朱　亮　汪　丹　张子建

【摘　要】《中华人民共和国劳动合同法》第三十九条规定，劳动者严重违反用人单位的规章制度的，用人单位可以解除劳动合同。法律赋予了用人单位依法制定规章制度的权利，但是在现实生活中，这样的解除理由常常不被劳动者接受，经常引发劳动争议诉讼。为保障劳动者合法权益、实现组织和个人双赢，本文以劳动者严重违反用人单位规章制度的相关理论、现状和不足为依据，深入探讨“严重违反用人单位的规章制度的”的司法认定条件，并提出相应的合理化意见和建议。

【关键词】严重违反　用人单位规章制度　司法认定

1　引言

案例如下：

朋某某，男，于2019年3月11日入职某建筑企业，并签订为期三年的劳动合同，入职定的岗位为该建筑公司某水利项目部工区副主任，负责编制施工现场方案、组织施工计划等。朋某某于2020年4月11日在未履行任何请假手续的情况下离开岗位，该公司人力资源部多次致电要求其返岗，并于2020年4月30日正式发函要求其于2020年5月7日前到岗，但朋某某一直未到岗，快递记录上岗通知书已签收并和朋某某本人沟通确认已收到。鉴于朋某某自2020年4月11日起已经连续旷工超过15天，该建筑公司依据《内部员工奖惩办法（2010年版）》第十三条第三项的规定：凡有如下表现之一的员工，在征得同级工会同意后，公司依法予以解除劳动合同：无正当理由经常旷工，经批评教育无效，连续旷工时间超过15天，或者一年以内累计旷工时间超过30天的。该公司遂于2020年5月15日在征得公司工会同意后与朋某某解除了劳动合同关系。后朋某某不服，提起了上诉，上诉理由主要是：《内部员工奖惩办法（2010年版）》这一规章制度于2010年制定，自己2019年才入职，对该制度全然不知，入职时公司也未对其进行培训。

从以上案例可知，此案例的主要问题就出现在用人单位规章制度程序方面，作为处罚依据的《内部员工奖惩办法》（2010年版）是否告知了劳动者并有相关证明材料。

近年来，我国劳动争议案件呈显著上升趋势，其中很大一部分就是围绕用人单位和劳动者是否“严重违反单位的规章制度的”的博弈而展开的，但是如何把握“严重违反”的程序等问题，是司法层面和用人单位需要思考的问题。因此，通过研究“严重违反用人单位的规章制度的”相关认定情况，一方面能维护企业和职工双方的权益，从而避免法律风险；另一方面也可以使职工和企业之间建立长期稳定的用工关系，从而助推人事关系和谐稳定健康发展。

2 劳动者严重违反规章制度认定的相关理论

规章制度涉及的内容比较多，包括但不限于职工享有的权利、履行的义务等，企业可以依据规章制度对职工实施奖励或者惩罚，其中最严厉的惩罚措施即解除劳动合同。

用人单位规章制度虽然具有准法律性质，但是是否具备法律约束力，法律条文中并未明确。虽未明确，但是《中华人民共和国劳动合同法》已经要求应当将企业内部的规章制度对其适用对象进行公示，而没有公布的规定不具备法律约束力。因此，规章制度要对劳动者产生法律约束力，首先应对劳动者进行公示，或者告知之，即制定程序合法有效；其次，用人单位即使将规章制度的具体内容作了公示或者告知，该规章制度也不见得马上就能生效，因为一项规章制度的具体内容一旦同我国法律法规或者当地政府法规相抵触，哪怕劳动者违反了社会公序良俗原则，都无法确认其对劳动者的权利产生效力；最后，用人单位规章制度应遵循适度合理的原则，确保制度条款公平合理。

综上所述，用人单位规章制度能够产生法律约束力，制定程序合法有效，依法制定、内容合法，规章制度公平、合理，三个条件缺一不可。

3 劳动者严重违反用人单位规章制度司法认定的立法现状和不足

（1）现行立法规定概述。当前，在现行立法中的《中华人民共和国劳动合同法》《中华人民共和国劳动法》《中华人民共和国公司法》等四部立法都涵盖了用人单位规章制度条文的规定。

从上述立法来看，现行立法涉及用人单位规章制度的条款较多，但整体呈现出过于抽象性的特点。我国劳动相关法律法规是调整用人单位和劳动者双方当事人之间权利义务关系的基本法律，对于劳动者严重违反用人单位规章制度的情形和处罚依据，仅从概念层面进行了定义，对于劳动者严重违反用人单位规章制度的具体情形及处罚依据等未作详尽的规范，在实际操作过程中，缺乏可行性。同样，人民法院的相关司法解释也难以跟上层出不穷的劳动争议及审判实务。

（2）司法认定的不足。近年来，企业与职工之间的劳务纠纷案件总量日渐增加，而各级司法机关在判决或者裁决有关劳动争议案件时，常常由于没有明确具体的判决标准，更偏向于根据自己的主观判断、积累的法律经验和当地过往实践案例作出客观判断，出现了规章制度是否经过合理性审查、“严重性”的认定程序不规范、“严重性”的认定标准不明确等问题，造成人民法院在审理时无法按照客观一致的标准作出判断，从而严重影响劳资案件的公平公正审理，严重损害了司法的权威与公正。

4 完善劳动者严重违反规章制度认定的措施和建议

目前有关法律法规中对劳动者严重违反规章制度的模糊规定，加大了实施过程中的劳资纠纷案件管理难度，本文提供了以下关于完善对劳动者严重违反制度认定标准的措施和建议：

（1）对用人单位规章制度进行合理性审查。主要包括以下3个方面：

1）做好规章制度草拟前的意见问询工作。健全的规章制度不但能够规范职工的言行、减少用工争议，同时可以达到组织与个人的双赢。所以，用人单位在拟定规章制度前，要根据本单位实际状况，进行制度草拟前的征求意见咨询工作，可以采取举行员工座谈会、职工大会、设置征询意见箱等多种形式，广泛征求单位员工等各方的看法和意见，集思广益，让广大员工以主人翁的心态深度参与到规章制度拟定的过程中。

2）劳动行政部门加强引导和审查。《中华人民共和国劳动合同法》明确规定，各级劳动行政部门对关乎职工切身利益的劳动法律政策及其实施的情形拥有监督审查职权，所以各级人力资源社会保障行政部门既要做好对公司内部劳动用工的引导与服务，也要引导劳动用人单位依法、正确地建立工作制度。另外，加强对用人单位制度的书面检查，审查其是否符合社会公序良俗、是否公平公正等，对不符合法律法规的行为及时予以纠正。

3）做好规章制度的公示程序。公示的目的是为了让劳动者知晓，应当以正确的方式向全体职工公示，例如将规章制度内容作为入职培训必修课程、组织集体学习、公开发布等。

（2）规范用人单位违反规章制度的认定程序。主要包括以下3个方面：

1）规范用人单位对严重程度的举证责任。用人单位有义务提交有关证明材料，以证实劳动者存在违法的事实。人民法院对各方当事人的举证加以审核，不仅需要调查用人单位提出严重违反规章制度而解除劳动合同的理由是否真实合理，还应透过现象看本质，进一步了解搜查证据，调查核实是否还有其他因素可能成为解除劳动合同的真正理由，必要时可以采取预审措施去调查取证。

2）赋予劳动者申诉权。正常情况下，劳动者在提出异议或申诉是在接收到用人单位解除劳动合同通知之后，用人单位所做的举证未及时给予劳动者确认证据是否属实的机会，因此，赋予劳动者申诉权很有必要。首先，法律应当规定劳动者有权向所在单位的工会组织申诉；其次，法律应当规定劳动者可以向做出处罚的上级部门提出异议。所以，立法应当赋予劳动者在出现重大劳动纠纷后具有反映合理权益诉求的渠道，以保护劳动者在触及切身利益重大事件时的合理申诉权。

3）听取同级工会或者职工代表大会的意见。在职工确实出现重大违法事实后，企事业单位有权向同级工会和职工委员会书面通知其违法的事实以及相应的规定，并提供相应资料，文件要按时发送并保持时效性，工会等单位应站在职工切身利益的高度和用人单位形成共同协调制度，本着实事求是的原则对劳动者的违规行为进行调查；法院在裁定劳动纠纷时也要研究工会或者职工代表大会的意见，对工会或者职工代表大会的意见不能置之不理。

（3）严格把握严重违反用人单位规章制度的标准。主要包括以下两个方面：

1）明确工会对“严重性”的审查权。工会是代表和维护劳动者合法权益的组织结构，工会有权审查公司对员工的处罚，《中华人民共和国劳动合同法》规定用人单位在违反集体合同、侵犯职工劳动权益的情况下，工会可以依法要求用人单位承担责任。工会必须及时介入劳动者严重违纪法规的全过程，要求用人单位提供举证材料，并对举证材料进行分析研判，核实劳动者违规行为是否达到“严重”的程度，确保审查结果具有说服力。

2）细化规章制度具体条款。用人单位对劳动者进行的处罚必须做到有据可依，而不能任意拓展规定范畴或主观加以理解。用人单位在建立、修改劳动法规时，不应该对相关立法规定生搬硬套，应当建立一个适合于用人单位企业管理实践、具有可执行性与可操作性的劳动规范手册，对具体的违规行为进行量化，视情节严重程度，可就轻微、一般、严重违反三类情形制定具体的衡量指标及表现，从而在法律允许的范围内实现更自主的管理。

5 结语

本文基于现实生活中劳动者严重违反单位制度认定的有关理论，主要通过文献研究法、个案研究法等研究方法，阐述现阶段劳动者严重违反用人单位规章制度司法认定的立法现状和不足，例如单位规章制度在合理性审查方面、在“严重性”的认定程序和认定标准方面是否符合法律法规等。

根据现行法律存在的问题及不足，本文提出完善劳动者严重违反用人单位规章制度认定的意见和建议：①劳动行政部门和劳动者本人要对用人单位规章制度进行合理性审查，用人单位可以在规章制度草拟前做好意见问询工作，制度出台后要及时做好公示工作；②规范用人单位违反规章制度的认定程序，若劳动者严重违规，用人单位应对严重程度承担举证责任，法律应赋予劳动者相应的申诉权，同时听取同级工会或者职工代表大会的意见；③把握劳动者严重违反用人单位规章制度的具体标准，充分发挥工会的监督作用，明确工会对“严重性”的审查权，并在规章制度中尽可能细化、量化条款内容，结合具体案件的实际情况予以评判，确保公平公正。

参考文献

[1] 杨诺．论劳动者严重违反用人单位规章制度的司法认定［D］．石家庄：河北师范大学，2020.
[2] 章红丽．劳动者严重违反用人单位规章制度的认定［D］．合肥：安徽大学，2020.
[3] 李紫晶．“严重违反”用人单位劳动规章制度下的合理性判断标准［J］．法制博览，2019（13）：182－183.
[4] 肖世瑾．“严重违反用人单位规章制度”的司法适用问题研究［J］．现代商业，2020（23）：83－85
[5] 丁达兵．劳动者严重违反用人单位规章制度之司法认定［D］．长春：吉林大学，2020.

浅谈施工企业基层工会如何创新青年职工思想教育工作

——“后浪”奔涌，激发青年职工活力

李雪珂　王龙龙　孙鸿凯

【摘　要】随着时代的发展，新的生活方式、新的影响观念、新的科学技术不断涌现，青年职工的思想意识、价值观念有了很大改变。一些90后、00后开始参加工作，成为企业发展的主力军，基层工会如何把握青年职工思想动态，凝聚青年思想，服务青年成长成才显得尤为重要。本文主要从建筑企业青年职工思想问题现状入手，论述建筑企业基层工会如何创新做好青年思想教育工作，激发青年职工活力。

【关键词】工会　思想宣传　青年

1　加强青年职工思想建设的重要意义

我国经济高速发展，随之而来的经济体制改革、社会结构变动、生活方式变化，加上社会上各种思潮日益活跃，对青年群体的思想不断产生巨大冲击，青年群体的思想认识、价值取向、道德选择等方面的多样性、多变性、差异性也逐渐增强。青年职工是一个企业的未来和希望，是能够推动企业发展的生力军。抓好青年职工的思想教育工作，培养与企业发展要求相适应的高质量青年员工队伍，激发青年职工的工作主动性、积极性 、创造性，把青年职工的热情、智慧、创新集中到企业发展上来，增加企业凝聚力，增强企业活力，对企业的发展有重要意义。

2　建筑企业青年职工思想问题现状

（1）富有创造力，但心态浮躁。建筑施工企业最大的特点是项目周期比较长，大部分青年职工分布在相对较偏远的地区，条件艰苦，基础设施相对落后于都市。很多青年职工长期工作在离家较远的外地，不能与家人团聚，男女比例失调，找对象难，工作活动范围小、封闭，工作性质单一枯燥，这一系列因素造成工作情绪容易波动。再加上青年职工多为90后、00后，大多数是独生子女，具有很强的个性特点，思想状态也十分活跃。他们在刚入职时往往勇于展现自我才华和价值，善于学习和研究新鲜事物，富有热情。但由于建筑企业生产经营的重复性和单调性，常规式、程序化的工作日复一日，当心理预期与现

实有落差时，青年职工便会产生消极情绪，失去耐心甚至产生抵触情绪，一些青年很难适应这种工作环境，特别是技术岗位职工就会出现跳槽想法，造成项目青年职工流失，从而形成恶性循环。

（2）青年职工接触的思想复杂多样。由于建筑企业自身的专业需求特点，员工的学历范围比较广，有学历低但技术高、工作娴熟、经验相对丰富的老员工，也有学历高、工作经验空白、刚刚入职的大学生，有正式合同工，也有劳务派遣人员和临时工，常接触的还有大量的农民工，这些人接受的教育水平、形成的思想认知存在很大差异，给工作生活方面的沟通交流造成许多不畅，接收到的信息也有很多差异性。

（3）价值观错位。随着国民经济的增长、国家国力的增强，社会各种新旧观念相互交错，给部分青年职工的价值观带来很大的冲击，给青年职工在职业规划方面造成很大影响，很多青年职工价值观扭曲。据统计，有部分员工辞职是为了考研，但问起考研后的规划，却一脸迷茫，这就是对工作的逃避。90后、00后家庭物质条件相对优越，从小的成长环境导致很多青年职工眼高手低，对职业发展、薪酬收入有很高的期待，但在就业方向上，并不知道自己想要什么，进而影响工作效率和质量，影响企业的正常运转。

（4）企业文化认同感缺乏。企业文化是一个企业的灵魂，是文化与管理实践的结合，是推动企业发展的不竭动力，对职工具有号召力和凝聚力，能促进企业健康发展。大多数青年职工普遍受到过良好的教育，悟性较高，心气也比较高，以自我为中心，多数青年我行我素，团队意识不强。

（5）自我约束能力和抗压能力较差。随着网络技术的发展、新媒体的出现，大部分青年职工的业余活动比较依赖手机，沉迷于网络游戏，对于参加工作，或者思想政治学习的热情大大降低；抗压能力差，这一点特别体现在应届毕业生身上，他们自我意识比较强烈，不能正视工作中的挫折，可能因为一些挫折产生消极的态度，不利于自身工作的开展。

3 基层工会在青年职工思想工作方面的措施与方法

（1）树立基层工会工作新观念。“有困难，找组织”，基层工会干部要树立良好的形象，才能更好地服务于青年职工，让更多青年职工有组织可依。习近平总书记曾提出要求，“引导职工群众听党话、跟党走，巩固党执政的阶级基础和群众基础，是工会组织的政治责任”。时代变化了，但从群众中来、到群众中去的工作方法不能变。工会要适应新形势新任务，加强和改进职工思想政治工作，多做组织群众、宣传群众、教育群众、引导群众的工作，多做统一思想、凝聚人心、化解矛盾、增进感情、激发动力的工作，更好地强信心、聚民心、暖人心，使广大职工在理想信念、价值理念、道德观念上紧紧团结在一起。一些90后、00后的思想比较活跃，自我意识很强，很多青年职工对工会组织的概念比较模糊，没有组织归属感，出现思想困惑后，没有意识第一时间找工会组织汇报思想动态，或者不知道什么事情可以找到工会组织解决。所以，要想服务好青年，把握青年思想动态，工会干部必须走到青年职工中去，必须把“工会”这个概念推到青年职工的心坎里。

（2）开创基层工会工作新方式。

1）活动形式与内容的结合。激发活力要从思想上入手，思想宣传一定要有好的载体才有好的宣传效果。如果思想宣传工作仍旧保留在之前的作报告、听讲座上，效果肯定不尽如人意。基层工会要根据新时期青年职工的特点，分别从年龄、性格、工作方式上创造灵活多样的工作形式。思想宣传工作要与工作实际生产相结合，在基层项目部，职工大部分为青年男性，更加展现出蓬勃的朝气，阳光向上。如何搭建好的平台激发他们建功立业的积极性，是基层工会一个重要的任务。要切合实际地做好相关工作，设计、组织更多让青年男性职工更加感兴趣的活动，例如：开展团建活动，帮助新员工相互了解、增强团队意识、加强协作能力、强化团队纪律和执行力、实现自我突破；根据项目实际，各项目部组建篮球队，促进青年职工绽放青春活力；组织春节联欢晚会，青年职工集思广益，编排上演精彩节目；组织各种专业培训，让青年职工在各自岗位上快速成长。他们在参与活动的同时收获同事领导的掌声与支持，也会得到收获感、满足感，从而把这种激情带入到工作中，激发干事创业的热情。

2）把现代化元素增加到思想宣传中。现代科技的发展，为思想宣传工作带来了一定的难度，青年职工周围充满各种各样的信息，他们自我意识比较强烈，但辨别筛选的能力还相对较弱，基层工会干部在开展思想教育的过程中，应该与时俱进，改进沟通方式。现代网络十分发达，青年人更乐意接触新媒体，因此可以建立网络群（微信、QQ）聚集青年职工思想，利用新媒体传播正能量、发布企业政策方针，让青年职工了解企业动态，增加他们企业发展的参与度，自觉地投入到企业建设中来，提高工作积极性。

3）加强与青年职工的沟通。为了了解青年职工内心的真实想法、意见和需求，基层工会干部要学会倾听，与他们沟通交流，对于有建设性的想法要给予肯定与表扬，对于错误的想法要及时纠正。为了提高效率，各工会可以利用定点多向联系的方式，一个思想教育工作者对应某一个固定的项目，充分了解项目的类型、日常工作方式，结合面对面线下交流结果在线上相互讨论，促进青年职工与工会组织的双向交流。

（3）拓展企业文化建设新思路。

1）工会思想教育工作跟党走。工会组织要在党的领导下，积极主动配合好企业青年职工的管理。一般来说基层工会干部职位比较低、资历也比较浅，在项目上的威信也较其他管理者弱，作为基层工会思想政治的宣传者，要主动向公司工会靠拢、向公司管理者靠拢，争取党组织的支持，汲取好的宣传管理方法，借助党组织力量扩大宣传范围、增强宣传力度。思想上要与党组织保持一致，建立反应快速敏捷的信息反馈机制。积极主动了解青年员工的思想动态，及时向党组织反映情况，建立党工一体的上下联动机制，推进工会组织在新时期的思想政治建设任务。

2）充分发挥基层工会桥梁和纽带的重要作用。企业文化是一个企业发展的灵魂，是青年职工成长的水土条件。基层工会要通过一定的方式、渠道，向青年职工传递文化精神，最常用的方法就是开展活动，通过开展活动，有机结合企业自身的特征，让青年职工在无形之中了解企业文化，融入企业文化。

3）充分利用好内部宣传阵地。除了利用新闻网站外，还可以根据企业具体情况把企业文化与青年职工思想宣传工作结合起来，旗帜鲜明地宣传企业需要什么样的人才，企业鼓励支持什么，企业反对什么，让青年职工清清楚楚地明白什么是正确的、什么又是错误的，什么是光荣的、什么又是可耻的。

4）树立正确的价值观。习近平总书记给青年人的寄语是“现在，青春是用来奋斗的；将来，青春是用来回忆的”，树立正确的价值观是青年职工思想建设的重要部分，基层工会一方面要营造浓厚的学习氛围，通过专家讲座、影片学习的途径，让青年职工有一个积极的学习心态，主动学习党的新思想、专业知识，提高各方面能力，面对工作生活的挑战时才会应对自如，而不是产生消极的情绪；另一方面要强化责任意识，引领青年职工在工作中行动起来，可以开展系列“我与企业共成长、同进步”主题教育活动，引导广大青年树立忠诚担当的工作思想、建功立业的远大志向，让青年职工找到自身价值，准确个人定位，进而实现自我价值，在工作中找到努力的方向，在生活上找到归属感。

（4）“抓先进、树先锋”取得新成效。广大青年职工是有很大上进心、强烈荣誉感的，工会组织要抓住青年人的这一特征，通过扎实开展“岗位青年能手”“青年突击队”和“青年文明号”创建活动，增强良性的竞争机制，充分发挥先锋者的作用，营造“比、学、赶、帮、超”的局面，为青年职工在生产实践中成才建功搭建广阔平台。

4 结语

综上所述，激发建筑企业青年职工的活力与企业的发展密切相关，因此基层工会组织必须担负起相应的责任，从青年人的思想建设做起，结合企业的发展，从实际出发，不断创新工作方式方法，拓展工作思路，充分发挥工会“维护、参与、建设、教育”职能，做好青年职工的“知心人”和“娘家人”，使青年人的思想跟上企业发展要求，促使青年职工与企业同成长、共进步！

浅析建筑行业人力资源发展规划——以A公司为例

朱　亮　汪　丹　张子建

【摘　要】人力资源管理在企业管理中占据着重要一环，对提升企业价值、实现企业战略目标有着举足轻重的作用。本文着眼于建筑行业人力资源的特点、现状、存在的问题等，以A公司人力资源发展现状为研究对象，对建筑行业人力资源发展规划作出一些探讨。

【关键词】建筑行业　人力资源　规划

1　引言

建筑行业是国民经济的重要物质生产部门，对国民经济的发展有重要影响。近年来，我国建筑行业迅猛发展，一批批重大项目集中上马。根据《建筑时报》发布的统计数据，2024年中国建筑业总产值增速在5.5%～6.5%之间。但是目前来看，大部分建筑企业现有人才储备和技术能力都与建筑行业发展速度不相匹配。因此，要想在建筑市场的搏击中发展壮大企业，必须创新人力资源管理模式，做好人力资源发展规划。

2　建筑行业人力资源的特点

（1）人力资源构成多样化。在大部分建筑施工企业中，既有操作能力强但学历低的劳务工、临时工，也有高学历但缺乏工作经验的高校毕业生，还有部分建筑施工企业引进的具有丰富工作经验的高端成熟性管理和技术型人才。正是这些不同层次的人群造就了建筑行业人力资源多样化的特点。

（2）人力资源流动性大。建筑施工企业是以工程项目为主业，所处位置一般属于待开发区，没有固定的生产产地和部门，施工机构随着建筑物或构筑物坐落位置的变化而整个地转移，这就必然造成建筑行业人力资源流动性大。

（3）人力资源评价信息收集难。鉴于建筑施工企业自身的特点，工程项目地理位置偏僻，有些企业因业务发展需要开拓国际市场，地理位置更加遥远，人力资源各项信息难以及时传输到人力资源业务部门，加上每个施工项目的人员构成、工程类型、发展情况不一，无法及时评价项目人力资源发展情况。

3　建筑行业人力资源的现状及存在的问题

（1）人力资源管理模式有待创新。人力资源部门大多从事的是具体的行政事务性工作，项目有什么需要人力资源部门就为其提供相应的服务，管理还是停留在传统模式阶段，无法深入项目实地为其主动提供各种服务。因而，其不能成为企业经营管理的人力资源业务合作伙伴，即我们平常所说的HRBP（human resource business partner）。

（2）技工人才需求不足，人工成本上升。我国建筑行业一直以来都是劳动密集型产业，而随着我国人口老龄化速度的加快，人口红利逐渐消失，建筑行业“招工难”“用工荒”问题已经出现。此外，我国建筑行业的主体一直是农民工，学历水平较低，技工人才需求不足；建筑行业工作强度大，新生代农民工较少，建筑施工企业为了留住人才，纷纷提高劳动报酬和福利，导致建筑行业人工成本上升。

（3）人力资源管理目标游离于企业生产经营活动。人力资源部门往往对企业存在的问题、发展方向、面临的挑战和机遇并没有清醒的认识，与其他业务部门也是各司其职。在确定人力资源战略时，忽略了企业生产经营活动内容，很难与其他业务部门结合在一起为企业生产经营活动的实现提供各项支持。

4 案例

A公司成立于2014年，总部坐落于某省会城市，是世界500强、A股上市公司设立的独立法人公司，现有水利水电施工总承包三级资质和市政公用工程总承包二级资质，系全国“工人先锋号”获得单位，参建实施了一大批国家重点水利工程项目。

近年来，该公司发挥“懂水熟建、精工擅造”核心优势，围绕“服务该省、面向华东、辐射赣桂”发展策略，业务纵向贯通投融资、建设、运营等工程全生命周期，横向涉入水利建设、市政公用、路桥房建、水环境治理、投融资和新能源等多元业务领域，具备驾驭大型复杂工程的综合管理能力和实施介入EPC、PPP等多种商业运营策略实力，逐渐形成了深耕“大基建”、集成“投建营”、聚焦“水+城”的多元业务发展全新格局。

（1）人力资源基本情况。该公司属于职能制组织结构，设置市场开发部、项目管理部、设备物资部、财务资金部、安全环保部、综合管理部、党群工作部、人力资源部、经济管理部、运维与尾工管理部10个职能部门，在建项目共计20个，共有正式职工324人，主要采取工程总承包的方式承接工程项目。

1）年龄结构。人员平均年龄为31.32岁，35岁及以下年龄人员247人，占该公司人数的76.23%。

2）学历构成。具有本科及以上学历人员205人，占该公司人数的63.27%，其中硕士研究生8人。

3）人员结构。中层及以上管理人员98人，占该公司人数的30.25%，其中中层管理人员89人、高层管理人员9人。

4）执业资格。具有各类注册类执业资格人员86人，占该公司人数的26.54%，其中一级建造师43人、一级造价工程师3人、注册安全工程师5人、二级建造师27人、二级造价工程师8人。

5）职称情况。具有中级及以上职称人员93人，占该公司人数28.70%，其中高级职称22人、中级职称71人。

根据以上数据，该公司人才队伍具有以下特点：青年职工占比较高，占比接近80%，团队呈现年轻化特征，人员基础素质较高，但高端人才数量少，后备人才储备力度不够。

（2）改善人力资源发展现状的相关对策。近年来，该公司坚持属地化管理策略，大力实施人才强企战略，不断提高公司人力资源整体素质，增强公司的核心竞争力和市场竞争力，为公司战略发展目标提供人才保证和智力支持。

1）加大人才引进力度，持续优化人才结构。与地方重点高校开展校企合作，共建实习实践基地，开展校园招聘，加大招聘宣传力度，利用线上和线下相结合的方式，引进工程类专业优秀应届毕业生若干人；拓宽社会成熟人才引进渠道，利用公司官网、地方招聘网站等多种渠道，引进社会持证人才，充实公司项目中层骨干团队；大力实施“520 人才工程”（连续 5 年，每年招聘 20 名“双一流”建设高校毕业、专业符合的优秀毕业生，培养成为企业领军人才），为公司高质量发展储备后备领军人才。

2）完善人才培养体系，开展各类业务培训。该公司结合公司业务发展和员工技能提升需要，每年制定年度培训计划，分层分级开展各类业务培训，打造学习型企业。关注新员工培养。举办大学生新员工岗前培训，通过内训和外训相结合的方式帮助新员工全方面了解公司、熟悉公司、融入公司，并制定《导师带徒管理办法》，为每位新员工安排职业发展和业务指导双导师，帮助新员工更好成长成才，走好人才自主培养之路；加强后备人才培养，结合管理序列、专业序列、职能序列、商务序列、项目经理序列五大职业发展序列，分层分级开展各类业务培训，涵盖公司各条业务战线，为公司高质量发展提供人才保证；强化项目班子培养，近年来组织人员参加项目经理、技术负责人、商务管理等培训，强化项目班子人才梯队建设，提高团队管理能力。

3）加强人才梯队建设，培养优秀年轻人才。该公司积极做好优秀青年职工、公司优秀年轻人才库建设，建立了优秀年轻人才库，鼓励他们参加学习培训，进一步提升公司青年精神素养；分层分级建立项目经理人才库，目前已经建立一支项目经理人才库，着力打造专业化、高水平的项目经理人才队伍。

5 建筑行业人力资源发展规划的探讨

“人是最关键最重要的因素，抓住了人就抓住了管理、抓住了质量、抓住了效益。”由此可见，人才对一个企业发展至关重要。因此，必须做好人力资源发展规划，实现人尽其才。

（1）转变传统观念，树立以人为本的现代人力资源观。“人才兴，则事业兴。”人才越来越成为现代企业竞争的核心力量，为此必须转变观念，牢固树立以人为本的现代人力资源观，要意识到人力资源就是第一资源，要意识到人才培养的投入就是收益最大的投入，真正把人力资源开发工作放到企业发展的战略地位，从思想观念上认识到人力资源管理的重要性和巨大价值。

（2）加强人才梯队建设，创新人才管理体系。人才梯队建设能够引导企业从企业内部和市场中发现优秀人力资源人才，为企业生产经营活动目标的实现提供坚实的人才保障。为此可结合企业自身的实际情况，制定人才梯队建设的各项方案，如《专业技术工种培养方案》《后备总工程师培养方案》《项目经理职业发展管理办法》等。同时，根据企业的长中短期目标，创新人才管理体系，与各业务部门深入交流合作，制定公司人力资源发展战略。

（3）建立人力资源教育培训机制，注重企业文化建设。现代社会，科技迅猛发展，知识的“创新周期”“物化周期”“更新周期”日益缩小，新知识、新事物、新技术、新工艺、新流程层出不穷。为此，必须加快现有人力资源的知识更新，利用互联网等新兴媒体强化在线培训学习，活到老、学到老。良好的企业文化是企业价值观、企业精神、经营理念等的体现，一个企业注重企业文化建设能够调动员工的积极性、主动性和创造性，能够引导和推动企业全体员工共同努力和共同参与，形成人与企业之间的认同感，从心理上与企业融为一体。

（4）建立人力资源管理信息系统，提高人力资源管理水平。构建企业高级人才和专门人才数据库，准确掌握公司人才队伍的数量、结构以及分布等情况，实行人才的动态管理，促进人才队伍的健康发展及合理流动。开展企业员工大数据深层次分析、挖掘，建立企业关键岗位人才梯队发展计划，基于大数据实现人与岗位、人与任务角色的精准、动态配置，引导各类人才多途径、多方向发展，挖掘和培养公司潜在人才，提高管理效率、提升管控能力、提供决策支持，为公司的发展提供核心人才支撑，提高人力资源信息化与数字化管理水平，为企业高质量发展奠定人力资源基础。

6 结语

近年来，建筑行业可谓进入了一个机遇与挑战并存的发展期，抽水蓄能等新能源项目建设上马，城镇化进程仍在继续，乡村振兴全面推进，“一带一路”倡议实施，都必将为建筑行业的发展提供巨大的机遇。建筑行业应探索新时期下人力资源发展方向，做好人力资源发展规划，做好人力资源精细化管理，为社会发展进步、企业战略目标发展、员工个人价值实现提供强有力的人力资源保障。

参 考 文 献

［1］ 冯建军. 建筑业人力资源开发的现状及对策研究［J］. 现代商贸工业，2009，21（1）：186－187.

［2］ 赵丽霞. 基于经营思维的建筑企业人力资源效能提升路径研究——以上海隧道工程有限公司构件分公司为例［J］. 企业改革与管理，2023（16）：20－22.

［3］ 姬雪. 施工建筑行业企业人力资源管理创新［J］. 现代企业文化，2022（33）：124－126.

水利施工企业服务职工的创新实践研究

王韵森　王龙龙　孙鸿凯

【摘　要】 为深入贯彻落实全心全意依靠职工办企业的方针，按照安徽公司党委“双引双建”计划关于“坚持以人为本，有效开展思想政治工作，推进企业文化和精神文明建设，加强企业民主管理，保障职工合法权益，团结凝聚职工群众，激发干事创业精神动力，促进企业和谐发展”相关工作部署，安徽公司工会不断拓宽公司民主管理渠道，制定《安徽公司职工联络员管理办法》，召开职工联络员座谈会，促进公司依法决策、民主决策、科学决策，通过创新职工联络员“新”制度，进而搭建民主管理的“心”途径。

【关键词】 职工联络员　民主管理　途径

1　背景意义

进入新时期，如何加强企业民主管理，畅通项目和机关的联络途径，有效提升工会服务职工的质效，是摆在工会工作者面前的课题。企业民主管理是企业始终坚持的一项管理制度，随着现代企业制度的建立和完善，其内涵和形式不断丰富。传统的企业民主管理，是以职代会为基础的民主管理制度，能够发挥和凝聚广大员工的智慧和力量，进一步完善职工代表制度，畅通民主管理渠道，实现公司的科学管理和决策。随着时代的发展，由于职工代表多为项目一线骨干人员或企业中高层干部，只有少数为企业的一线工作人员、青年职工。而近年来，企业青年职工人数与日俱增，如何能够掌握年轻人思想、了解一线职工动态，是辅助职代会民主管理的有效途径。

近年来，安徽公司工会围绕民主管理，创新开展职工联络员制度，切实发挥联络员来自一线、服务一线的“上传下达”的桥梁作用。他们将公司的决策、形势政策、文件精神传达给一线员工，同时发挥身处一线、与员工密切联系的优势，了解员工的想法和需求，尽职尽责、实事求是地将公司最需要解决的问题和员工最关心的事情反映给公司领导，为公司的科学决策和民主管理发挥了重要作用。

2　主要做法

职工联络员制度是职工自主参与的一个重要机制，旨在畅通公司工会与职工群众之间的信息渠道，为公司领导科学决策提供参考。为了使职工联络员制度成为完善员工自主参与民主管理的重要途径，安徽公司党政工主要负责人齐心协力，采取“三个做到”措施，即定期召开的联络员座谈会党政工主要负责人做到参加，对联络员收集的意见和建议党政工主要负责人做到制定措施、及时答复，对联络员反映的情况党政工主要负责人做到过问、督导落实。

在联络员工作推进过程中，安徽公司注重强化制度建设与流程管控，以制度促进管理，以流程促进规范，提高工作实效，增强联络员工作的生命力和活力。安徽公司在开展职工联络员管理途径探索中，瞄准聘任与变更、职责与权利、日常管理三个方面，做好相关工作。

（1）确定职工联络员聘任条件。职工联络员必须是一线的骨干，但是聘任条件不能太高，否则不能代表一线职工，据此安徽公司制定了职工联络员任职条件：与公司签订劳动合同的职工，连续工作两年以上（特别优秀的大学生可以视情况放宽），享有政治权利。职工联络员思想状态也有如下要求：认真贯彻执行党的路线、方针、政策，遵守国家法律法规，关心公司发展，热爱本职工作，具有强烈的事业心、责任感，较强的议事能力、表达能力和沟通协调能力，以及良好的群众基础，坚持原则，勇于实事求是、客观公正地反映基层情况。

在人数分布方面，安徽公司工会在征求公司领导意见的基础上，确定职工联络员人数和结构分布。各重点项目部通过组织推荐或个人自荐的方式确定职工联络员初步人选。填报职工联络员的填写《公司联络员推荐（自荐）表》，由所在项目部审核后上报公司工会。公司工会组织党群工作部、人力资源部、团委对各单位推荐人选进行审核，提出职工联络员建议名单，报公司领导审定。经公司领导批准后，颁发职工联络员聘书，聘期一般为3～5年，与所在项目建设期或公司职代会届期同步。

（2）确定职工联络员的职责。安徽公司工会从多个角度考虑职工联络员应当担负的职责。首先工会要求职工联络员要认真做好本职工作，积极宣传中国电建市政集团有限公司、安徽公司以及所在项目的工作部署和要求，引导职工统一思想、提高认识，积极参与公司的改革发展。同时，加强自身政策理论、法律法规知识的学习，不断提高履职能力，在履职过程中以身作则，坚持实事求是、客观公正的原则。此外，职工联络员还要负责了解和收集所在项部目职工代表参与日常民主管理的情况，确保公司的民主管理得到充分落实。

作为职工联络员，应实事求是并及时地向公司领导反映所在项目部在青年职工培养、职工队伍稳定、安全生产、经营管理、项目建设、干部作风、民主管理、党风廉政建设、干群关系以及对公司改革发展、重大决策执行等方面的情况或建议。同时，要深入职工群众，负责了解和收集贯彻公司决策、部署情况，对职工群众普遍关心的重点、热点、难点问题进行调查研究，作好记录并及时反馈，为领导决策提供真实可靠的信息。在年底，职工联络员应以书面报告形式汇报情况，汇报材料可直接呈报公司领导。公司领导对汇报材料阅示后，需落实办理或解决的问题，责成有关职能归口部门处理。处理结果要及时反馈给职工联络员。

（3）确定职工联络员的权益。安徽公司职工联络员制度中同时考虑职工联络员的权利权益。制度明确，作为公司职工联络员，有权参加公司组织的各项活动，了解所在单位的生产、经营和管理情况，并围绕促进企业发展和维护职工权益等重大问题开展调查研究，通过书面报告、电子邮件等多种形式，及时向公司领导反映职工群众的意见和建议。同时，职工联络员可以受邀列席公司职工代表大会和年度工作会议等相关会议。此外，对企业违反党和国家有关方针政策，阻挠或打击报复职工联络员履行职责的行为，职工联络员有权向公司领导、公司工会举报和投诉。

3 具体做法

2022年1月12日上午，安徽公司召开职工联络员座谈会，会上，职工联络员结合项目中收集的意见建言献策。职工联络员们围绕GS权限开通、职工入职激励、单身职工交友难等方面提出建议。这些意见都是来自工程一线各项目部的11名职工联络员，他们围绕前期收集的职工意见畅所欲言。会上，安徽公司领导边听边记，针对公司职工代表提出的建议和同志们一起探讨交流，并要求归口部门高度重视，认真研究问题的闭环管理。

此次安徽公司聘任的11名职工联络员，是来自11个重点项目和片区项目群的一线项目职工。职工联络员岗位选择标准为“非项目班子成员”，涵盖项目中层管理人员及普通科员，既有项目副总工、安全环保部主任、合同计量部主任等，也有工程技术部科员、项目兼职党务工作者等。

通过职工联络员制度，在2023年工作中，安徽公司工会先后督促信息化部门为一线职工开通GS权限、开展青年联谊活动等，切实解决了职工最想解决的问题。此外，公司党委书记、总经理、工会主席的微信都向职工联络员公开，职工联络员发现问题可以随时和企业管理者反映，提升沟通效率。

在开始担任职工联络员时，一些同志对这项工作持有保留态度。然而实践证明，通过一次次的座谈、走访、收集和反馈，职工联络员和职工之间的联系得到了加强，同事之间的感情有所增进。许多职工都反映，“联谊员制度能够直观了解项目真实情况，反映职工群众的所思所想。好处有两点：一是接受讯息接地气；二是反馈问题有效率”。职工联络员们不仅经常到基层一线了解情况，还走进一些职能部门，亲身体验这些部门的工作作风。在近距离的沟通交流中，他们不仅将基层职工的意见和建议带给职能部门，还将职能部门的真实工作情况反馈给基层职工，消除了彼此间的工作隔阂，加深了相互理解。职工联络员也越来越重视所扮演的角色。合肥区域管理部联络员说：“作为联络员，公司给我们下聘用文件，并给我们颁发聘书，让我们感觉到使命荣光、责任重大；就沟通渠道而言，对上桥梁已经打通，项目内部我们主要是通过班组例会、青年座谈会等形势了解职工思想动态。”三清大道项目联络员说：“在我们项目，我定期和职工约谈了解大伙所思所想。”

现在，无论是涉及企业改革发展的重大问题，还是涉及职工切身利益的焦点问题，通过职工联络员这一渠道，都能得到妥善解决。安徽公司上下都信任职工联络员，他们为企业和职工之间建立了一座民主管理的“心”桥梁，逐渐形成了互利互信、合作共赢的良性循环。

4 下一步重点工作

（1）制定更加完善的管理办法。根据安徽公司的实际情况，对《职工联络员日常工作细则》《职工联络员落实意见工作流程》《优秀职工联络员评选、奖励细则》等管理办法进行修订和完善，赋予职工联络员相应的责任、权利，从制度上确保职工联络员工作的顺利推进。定期召开职工联络员座谈会，坚持每月一次集中反映情况，对于职工联络员收集整理的意见和建议，要求相关职能部门现场作出答复或解答，并及时落实整改。

（2）优化工作流程。首先，制定年度重点工作安排，即根据安徽公司年度重点工作，编制职工联络员年度重点工作计划表，并提前发给各基层单位，以便对全年工作进行统筹安排；其次，对工作流程进行优化，制定意见收集与处理工作流程，实现从提出意见到意见处理的全过程闭环管理；最后，实行“双向反馈”机制，探索成立职工联络员办公室（挂靠工会），第一时间将意见内容及落实情况呈报党政工领导，同时职工联络员有权对职能部门的落实与答复内容进行评议，确保职工联络员工作的监督与落实。

（3）建立多种沟通渠道。通过组织召开职工联络员座谈会、工会主席走进基层等形式，同时利用电子邮件、短信以及面对面交谈等多渠道沟通方式，保持党政工领导与职工联络员之间的近距离沟通。职工联络员办公室及时将安徽公司的最新政策和重点工作传达给职工联络员，请他们在做好政策宣讲的同时收集广大职工的意见和建议。

5 结语

创新的新时期工会组织职工联络员制度是全心全意服务职工的有效方式，安徽公司工会将继续探索职工联络员途径，创新职工联络员“新”制度、搭建民主管理的“心”途径。首先，要准确了解和及时反馈项目职工急难愁盼的烦心事，将职工的真实想法经过汇总分析后随时反映给企业，以求真求实的作风反映基层真实声音；其次，要进一步强执行强担当，争做“宣传家”和“发言人”，向基层一线职工准确传达公司的新思路、新理念、新任务，把企业的经营目标、思路政策及时传递，要让所有职工共享企业发展进步果实，不断增强企业职工幸福感、归属感、荣誉感。

水利水电工程信息化与数字化应用探索

庞世洋　马俊杰　杜方青

【摘　要】随着科技的飞速发展，信息化和数字化技术已逐渐渗透到各个领域，水利水电工程作为人类利用水资源的重要方式，对于能源供应和防洪减灾具有重要意义。随着全球气候变化和人口增长，水资源管理和水电开发面临着前所未有的挑战。信息化和数字化技术，以其高效的数据处理、精准的分析预测和智能的决策支持，为水利水电工程的现代化提供了新的思路和工具。

【关键词】水利水电工程　信息化　数字化　水情预测　资源管理

1　引言

本文首先对水利水电工程信息化进行概述，以便了解水利水电工程的特点和挑战与信息化在水利水电工程中的作用和优势，分析其扮演的角色和发展潜力；其次结合信息化和数字化技术在水利水电工程中的应用，了解其智能监测和预警系统、传感器技术及数据分析和预测模型的应用；最后针对信息化和数字化技术在水利水电工程中存在的问题，有针对性地提出对策，借此研究水利水电工程信息化与数字化中应用的探索。

2　概述

水利水电工程是关系国计民生的重要基础设施，其规划、设计、施工及运行管理过程中涉及大量数据处理与分析。传统的信息化手段已难以满足日益增长的复杂性和精细化需求，而信息化和数字化技术的兴起为这一领域带来了新的发展机遇。这些技术可以处理大量的水文数据、水资源数据和气象数据，并通过机器学习算法进行分析和预测，帮助人们更好地了解水资源的变化趋势及未来的水文情况，提高水资源规划和管理的准确性。信息化与数字化技术的强大之处在于能够构建智能监测系统，该系统结合先进的传感器网络和数据处理技术，实时监测水库、河流、水文站点等关键位置的水位、流量等关键数据。通过整合这些数据，并结合先进的预测模型与算法，系统能够实现对水文动态的精准预测，从而提前发出预警信号，有效预防可能发生的洪涝灾害，确保水利工程的安全稳定运行。这种基于信息化与数字化技术的智能监测体系，不仅提升了水利管理的效率与精度，还显著增强了应对自然灾害的能力，为水利工程的可持续发展提供了坚实的技术支撑。不仅如此，在水利水电工程中还可利用这些技术，实现水利水电设备的自动化运维和管理，监控设备的状态，实施维修计划，并可以通过数据分析优化设备的运行效率，减少故障发生率，提高水利水电工程的可靠性。

3　水利水电工程信息化与数字化的案例研究

3.1　小浪底水利枢纽工程的数字孪生应用

小浪底水利枢纽工程是我国一项重要的水利工程，对于保障黄河流域的水资源安全和防洪减灾具有重要意义。然而，传统的水利工程管理方式存在着数据分散、监测手段单一、决策支持不足等问题，难以满足现代水利管理的需求。因此，引入数字孪生技术，实现水利工程的智能化管理成为一项迫切的需求。面对此背景，小浪底水利枢纽工程通过数字孪生应用高效完成了管理工作。首先，通过共享和自建监测设施，采集小浪底水利枢纽工程的基础数据，包括水位、流量、泥沙含量、大坝变形等实时监测数据，同时整合各类业务管理数据和外部共享数据，形成一个全面的数据资源池；其次，在数据采集与整合的基础上，构建小浪底水利枢纽工程数字孪生平台，该平台包含水利专业模型、智能识别模型和可视化模型等多个模型库，其中水利专业模型通过数理统计和机理分析，构建不同尺度的来水预报、水库蓄水淹没分析、泥沙冲淤分析、大坝安全性态预测等分析模型，而智能识别模型通过机器学习技术，从大量数据中自主识别库区乱占、乱采、乱堆、乱建等异常情况，并提供预警，可视化模型则将监测数据具象化，满足仿真模拟和综合展示等需求；最后，数字孪生平台通过实时监测、自动分析和预报预警等功能，为水利工程管理提供智能化的决策支持，例如，在洪水预演和风险评估方面，该平台能够结合历史数据和实时数据，对洪水演进过程进行模拟和预测，并评估不同调度方案的风险和效果，同时还能够根据监测数据的变化情况，自动调整调度方案和优化资源配置，实现水利工程的智能化管理。

3.2　数字孪生峡江水利枢纽工程应用

峡江水利枢纽工程是国务院确定的 172 项重大水利工程之一，也是赣江干流梯级开发的主体工程，具有防洪、发电、航运、灌溉等多项功能。江西省水利厅积极响应国家数字社会、数字政府建设要求，抢抓水利部开展数字孪生流域先行先试建设机遇，将数字孪生水利作为新阶段水利高质量发展的实施路径之一。该项目运用数字孪生技术，实现了对峡江水利枢纽工程的全面数字化映射和智能化管理，提升了水利工程的管理水平和运行效率，推动数字孪生峡江项目的高质量建设。数字孪生峡江水利枢纽工程构建了 $710km^2$ 高精度数据底板，为水利工程的管理和运行提供了全面的数据支持，进一步完成了高精度数据底板建设。同时，该项目建立了洪水预报、金属结构安全诊断分析等水利专业模型，利用北斗、5G、AI 等新技术，打造了防洪调度、工程安全管理等业务应用。峡江水利枢纽工程还利用现代传感、在线仿真等技术和健康评估模型，实现了对钢闸门结构应力、振动等参数的在线监测，平台上线以来，共计采集监测数据 276 万条，能及时发现设备运行早期故障，确保水工金属结构安全运行。数字孪生乐安河项目展示了数字孪生技术在小流域防洪中的应用，该项目构建了 $70km^2$ 高精度数据底板，建立了多断面三水源新安江产流、城市雨洪等模型，构建了雨水情监测预报“三道防线”，成功防御了 2023 年 6 月的洪水过程。数字孪生峡江水利枢纽工程很好地诠释了如何利用人工智能和信息化技术提升水利工程的管理效率和决策质量，特别是数字化、智能化监测和管理方面的创新。

3.3 黄河水利委员会“智慧水文站系统”创新应用

黄河作为中国的第二长河，其流域面积广阔，水文情况复杂多变。为了更好地监测和管理黄河流域的水文信息，黄河水利委员会联合河南安宏信息科技有限公司、亿水泰科（北京）信息技术有限公司等单位，共同研发了“智慧水文站系统”。该系统以水文测站为管理单元，利用电子地图技术、信息技术等先进技术手段，实现了对黄河水文信息的全面、实时、准确监测。首先，实现了在线水位接入与流量推算，通过实时接入水位数据，结合历史数据和模型算法，系统能够准确推算出流量数据，为水文预报和防汛减灾提供重要依据；其次，完成了测验断面套绘与冲淤计算，系统能够自动绘制测验断面图，并根据水位变化实时计算冲淤情况，为河道管理和维护提供决策支持；再次，完成了历年特征值展示，系统集成了丰富的历史数据资源，能够展示历年来的水位、流量等特征值数据，帮助用户了解流域水文情况的变化趋势，并实现了多品牌无插件式视频监控，即系统支持多品牌无插件式视频监控接入，实现了对水文测站的全方位、实时监控，提高了监测效率和安全性；最后，系统集成了自主研发的 AI 辅助定线技术，将机器学习的有关算法结合专家经验，较好解决了冲淤河道的水位流量关系曲线的自动定线问题。“智慧水文站系统”在黄河流域的多个水文站中得到了广泛应用，并取得了显著成效。该系统有效降低了水文职工的劳动强度，提高了水文信息采集效率、测验精度和管理效率。同时，该系统提供的全面、可靠、连续的实时水情信息和分析统计信息，为黄河水文及防汛人员提供了有力支持。经过两个汛期的检验，系统已逐步完善，并在水文站的测验和管理中发挥了重要作用，实现了智能化监测、数据管理和洪水预警预报方面的创新。

4 案例小结

本文分析了三个不同的案例，展示了信息化和数字化技术在水利水电工程中的创新应用与显著成效。这些案例不仅体现了信息化和智能化技术带给传统水利行业的深刻变革，也为未来智慧水利建设提供了宝贵的经验和启示。

（1）小浪底水利枢纽工程的数字孪生应用案例。该案例通过构建全面的数据资源池和数字孪生平台，实现了对水利工程的实时监测、自动分析和预报预警等功能。这一应用不仅提高了水利工程的管理效率和决策质量，也为防洪减灾等关键任务提供了有力支持。该案例的成功，为其他水利工程引入数字孪生技术提供了借鉴。

（2）数字孪生峡江水利枢纽工程应用案例。该案例展示了数字孪生技术在水利工程全面数字化映射和智能化管理方面的应用。通过构建高精度数据底板、建立水利专业模型和打造业务应用等方式，该案例提升了水利工程的管理水平和运行效率，实现了对水利工程的智能化管理。同时，该案例还展示了数字孪生技术在小流域防洪中的应用，为智慧水利建设提供了有益的探索。

（3）黄河水利委员会“智慧水文站系统”创新应用案例。该案例通过集成电子地图技术、信息技术等先进技术手段，实现了对黄河水文信息的全面、实时、准确监测。该系统不仅提高了水文信息采集效率、测验精度和管理效率，还为水文预报和防汛减灾提供了重要依据。该案例的成功，为其他水文站点的智能化建设提供了有益的参考。

上述三个案例展示了信息化和数字化技术在水利水电工程中的广泛应用和显著成效。通过引入数字孪生技术、建立水利专业模型和打造业务应用等方式，提升了水利工程的管理水平和运行效率，为防洪减灾等关键任务提供了借鉴和参考。未来，随着技术的不断进步和创新，信息化和数字化技术将在水利水电工程中发挥更加重要的作用，推动智慧水利建设的深入发展。

5 结语

信息化和数字化技术在水利水电工程信息化中的应用展现了其巨大的潜力和价值。通过案例研究，如小浪底水利枢纽工程和峡江水利枢纽工程的数字孪生应用，见证了信息化和数字化技术如何有效地整合、分析和管理海量的水利数据，为水利工程的规划、设计、施工及运行管理提供智能化、精细化的支持。

随着技术的不断进步和应用的深入，信息化和数字化技术将在水利水电工程信息化中发挥更加重要的作用。未来，可以期待信息化和数字化技术在以下几个方面取得更大的突破：首先，数据处理的效率和准确性进一步提升，在未来技术不断更新迭代的时代背景下，将继续优化数据分析算法和预测模型，实现更加高效和精准的水情预测、资源管理和风险评估；其次，智能化监测和预警系统持续完善，通过引入更多的传感器技术和物联网技术，结合信息化和数字化技术将能够实现对水利水电工程更加全面、实时的监测，并结合预测模型进行更加精准的预警，提前预防可能发生的灾害；再次，优化设计和自动化运维相关应用不断深入，通过算法优化工程参数，提高水利水电工程的设计效率和质量，同时通过自动化运维和管理，实现设备的实时监控、故障预警和维修计划，提高水利水电工程的可靠性和运行效率；最后，需要注意到信息化和数字化技术在水利水电应用中可能面临的安全、隐私问题，在未来的研究和应用中，要加强相关法规的制定和执行，确保技术健康、可持续发展。